高价值专利培育路径研究

江苏省知识产权局　组织编写

支苏平　主编

图书在版编目（CIP）数据

高价值专利培育路径研究/江苏省知识产权局组织编写；支苏平主编. —北京：知识产权出版社，2018.12

ISBN 978-7-5130-6040-0

Ⅰ.①高… Ⅱ.①江… ②支… Ⅲ.①专利—价值—研究 Ⅳ.①G306

中国版本图书馆CIP数据核字（2018）第302412号

| 责任编辑：吴亚平 | 责任校对：潘凤越 |
| 封面设计：SUN工作室　韩建文 | 责任印制：刘译文 |

高价值专利培育路径研究

江苏省知识产权局　组织编写

支苏平　主编

出版发行：	知识产权出版社 有限责任公司	网　　址：	http://www.ipph.cn
社　　址：	北京市海淀区气象路50号院	邮　　编：	100081
责编电话：	010-82000860转8672	责编邮箱：	997051143@qq.com
发行电话：	010-82000860转8101/8102	发行传真：	010-82000893/82005070/82000270
印　　刷：	三河市国英印务有限公司	经　　销：	各大网上书店、新华书店及相关专业书店
开　　本：	787mm×1092mm　1/16	印　　张：	14.25
版　　次：	2018年12月第1版	印　　次：	2018年12月第1次印刷
字　　数：	250千字	定　　价：	68.00元
ISBN 978-7-5130-6040-0			

出版权专有　侵权必究

如有印装质量问题，本社负责调换。

编 委 会

主　编　支苏平

副主编　施　蔚　王峻岭

编　委　牛　勇　杨玉明　陈世林
　　　　　吴信永　叶广海　王鹏飞

前　言

2018年是我国改革开放四十周年，也是《国家知识产权战略纲要》实施十周年。十年来，特别是党的十八大以来，在党中央、国务院的坚强领导下，知识产权战略扎实推进，知识产权创造、运用、保护、管理水平全面提升，我国知识产权事业取得了举世瞩目的成就。党的十九大作出了我国经济已由高速增长阶段转向高质量发展阶段的重大判断，并明确提出，"倡导创新文化，强化知识产权创造、保护、运用"，赋予了知识产权工作新的历史使命。江苏省委明确，要坚持经济发展、改革开放、城乡建设、文化建设、生态环境、人民生活六个"高质量"，准确把握新时代江苏的新方位、新坐标，推动高质量发展走在前列。站在新起点上，江苏积极贯彻党中央指示，按照省委最新部署，坚持稳中求进和高质量发展的新要求，全面提高知识产权创造质量、保护效果、运用效益、管理效能和国际影响力，努力实现知识产权事业高质量发展。而大力培育高价值专利正是贯彻"质量第一、效益优先"理念，推进知识产权强国、强省建设的重要抓手之一。

2015年2月，江苏省委、省政府出台《关于加快建设知识产权强省的意见》，明确提出实施高价值专利培育计划。随后江苏又在全国率先启动高价值专利培育工作，推动企业、高校院所、知识产权服务机构加强合作，共同组建高价值专利培育示范中心，围绕江苏重点发展的战略性新兴产业和传统优势产业开展集成创新，在主要技术领域打造一批高价值专利，推动知识产权高质量发展。经过三年多的努力，已累计组建37家省级高价值专利培育示范中心，同时推动省内各设区市建设了95家市县级培育中心。通过实施高价值专利培育计划，各示范中心成果丰硕，引领示范效应明显，企业核心竞争力显著增强，高校院所专利转移转化效率明显提高，知识产权对经济的贡献度进一步提升。实践证明，企业、高校院所、知识产权服务机构产学研服联合培育高价值专利的模式是可行的、有效的。

《高价值专利培育路径研究》一书是江苏省知识产权局在高价值专利培育实践基础上组织编写的，是对江苏高价值专利培育工作有效尝试和生动实践的经验总结。本书在分析高价值专利培育时代背景的基础上，深入诠释了高价值专利的内涵，详细梳理了国内外相关理论研究成果，结合实际阐述了高价值专利培育体系与实现路径。本书的创新点主要体现在以下三个方面。一是系统构建高价值专利培育体系。依照PDCA循环理论构建高价值专利培育系统，助推创新主体形成"高价值专利"持续产出保障机制。将选题立项、技术研发、专利布局、专利申请、实施运营等功能模块融入模型之中，使得培育体系更加科学有效。二是全面探索高价值专利的价值实现路径。分析了专利技术标准化、实施许可、对外转让、质押融资及作价入股等传统专利价值实现方式，并从知识产权保护、科技成果转化、专利实施平台构建等维度探索高价值专利的价值实现路径。三是深度剖析高价值专利实施案例。通过对首批江苏省高价值专利培育计划项目的案例征集，重点以纳米碳材料及其规模化应用技术高价值专利培育示范中心和抗肿瘤原创药物高价值专利培育示范中心为研究对象，按照项目背景、规范建设、项目成效以及实施经验四个方面予以提炼，重点归纳总结了高价值专利培育过程中的主要经验成果和存在的关键问题。

本书相关研究基础对探索可复制、可推广的高价值专利培育路径具有较强的参考价值，对江苏及其他省份深入推进高价值专利培育工作具有很好的借鉴作用。希望后期能有更多的专家学者、创新主体投入高价值专利培育研究与实践中来，以质量凸显专利价值，以价值奠定创新基础，以创新实现知识产权强国之路。

目 录

第一章 新常态下高价值专利的培育 ········· 1
 第一节 高价值专利培育的时代背景 ········· 3
  一、知识产权战略支撑创新驱动发展 ········· 3
  二、从知识产权大国到知识产权强国 ········· 5
 第二节 高价值专利培育项目之缘起 ········· 7
  一、专利工作基础与政策 ········· 7
  二、高价值专利项目规划 ········· 9
 第三节 高价值专利的基本内涵 ········· 10
  一、专利价值的观点争议 ········· 11
  二、高价值专利基本界定 ········· 14
  三、高价值专利案例诠释 ········· 15

第二章 国内外专利价值研究与实践 ········· 19
 第一节 欧美国家对专利价值的研究 ········· 23
  一、专利计分体系 ········· 26
  二、佐治亚－太平洋指标体系 ········· 27
  三、L－S评估模型 ········· 27
  四、欧洲专利局评估软件IPScore ········· 28
  五、Innography专利强度 ········· 28
  六、Ocean Tomo评价体系 ········· 29

　　　　七、BOS 期权定价模型 …………………………………… 30
　第二节　亚洲国家对专利价值的研究…………………………… 31
　　　　一、日本对专利价值的研究 ……………………………… 31
　　　　二、韩国对专利价值的研究 ……………………………… 32
　　　　三、新加坡对专利价值的研究 …………………………… 34
　第三节　中国大陆对于专利价值的研究………………………… 36
　　　　一、专利价格计算研究 …………………………………… 36
　　　　二、专利价值评估研究 …………………………………… 37
　　　　三、专利价值分析指标体系 ……………………………… 38
　第四节　中国台湾地区对于专利价值的研究…………………… 40
　　　　一、专利价值评估方法与模型 …………………………… 40
　　　　二、专属授权与非专属授权 ……………………………… 41
　　　　三、专利授权价金的计算 ………………………………… 41
　　　　四、专利侵权的价金计算 ………………………………… 42
　　　　五、专利价值的分类管理 ………………………………… 42
　第五节　国内外专利价值的市场实践…………………………… 43
　　　　一、北电网络专利高价出售案例 ………………………… 44
　　　　二、周延鹏知识产权营销理论 …………………………… 46
　　　　三、复旦大学抗肿瘤药物专利有偿许可 ………………… 48
　　　　四、海尔实施专利标准化成为国际知名品牌 …………… 51
　　　　五、中国专利奖评审案例 ………………………………… 54
　　　　六、中国技术交易所专利评价指标体系 ………………… 56

第三章　高价值专利培育的流程体系 ……………………………… 59
　第一节　高价值专利培育的参与主体…………………………… 61
　　　　一、管理层 ………………………………………………… 61
　　　　二、创新小组 ……………………………………………… 63

三、市场小组 …………………………………………… 63
　　四、专利管理小组 ……………………………………… 64
　　五、专利信息分析利用小组 …………………………… 65
　　六、专利代理小组 ……………………………………… 65
　　七、专利实施运营小组 ………………………………… 66
  第二节　高价值专利培育的基本流程 ……………………… 69
　　一、选题立项 …………………………………………… 69
　　二、研发阶段 …………………………………………… 72
　　三、专利布局 …………………………………………… 75
　　四、专利申请 …………………………………………… 81
　　五、专利运营 …………………………………………… 83
  第三节　高价值专利培育的关键环节 ……………………… 84
　　一、专利信息运用的功能模块 ………………………… 84
　　二、信息化手段固化专利培育成果 …………………… 87
　　三、专利挖掘与高质量专利申请文本的撰写 ………… 88
　　四、知识产权服务机构的遴选 ………………………… 109
　　五、高价值专利培育的成本解析 ……………………… 111
　　六、高价值专利培育流程规范化 ……………………… 114
　　七、高价值专利指标体系 ……………………………… 115

第四章　高价值专利培育的基本维度 …………………………… 117
  第一节　高价值专利培育的法律维度 ……………………… 119
　　一、美国专利侵权损害赔偿 …………………………… 119
　　二、中国专利损害赔偿制度 …………………………… 124
　　三、国内外制度比较及启示 …………………………… 127
  第二节　高价值专利培育的技术维度 ……………………… 129
　　一、加强技术价值挖掘 ………………………………… 129

二、重视专利组合布局 ……………………………………… 131
三、引导理性资助申请 ……………………………………… 133
第三节 高价值专利培育的市场维度 …………………………… 135
一、提升高价值专利运营意识 ……………………………… 135
二、基于产业链部署专利战略 ……………………………… 138
三、创新高价值专利运营体系 ……………………………… 141

第五章 高价值专利的价值实现探索 ………………………………… 145
第一节 高价值专利的价值实现路径 …………………………… 147
一、专利技术标准化 ………………………………………… 147
二、专利权实施许可 ………………………………………… 151
三、专利权对外转让 ………………………………………… 152
四、专利权质押融资 ………………………………………… 154
五、专利权作价入股 ………………………………………… 156
第二节 高价值专利的价值实施要素 …………………………… 157
一、知识产权保护力度加强 ………………………………… 157
二、科技成果转化法的突破 ………………………………… 159
三、高价值专利的实施平台 ………………………………… 161

第六章 高价值专利培育典型案例 …………………………………… 169
第一节 纳米碳材料及其规模化应用技术高价值专利培育 … 171
一、项目背景 ………………………………………………… 171
二、规范建设 ………………………………………………… 174
三、项目成效 ………………………………………………… 179
四、实施经验 ………………………………………………… 182
第二节 抗肿瘤原创药物高价值专利培育 ……………………… 186
一、项目背景 ………………………………………………… 186

二、规范建设 …………………………………………… 187
　　三、项目成效 …………………………………………… 193
　　四、实施经验 …………………………………………… 196
  第三节　高速动车组关键核心部件高价值专利培育 ………… 200
　　一、项目背景 …………………………………………… 200
　　二、项目成效 …………………………………………… 201
　　三、实施经验 …………………………………………… 202

参考文献 ………………………………………………………… 204

第一章

新常态下高价值专利的培育

当前，我国经济发展进入了新常态，实施创新驱动发展战略已成为时代主题。在国家创新政策体系中，知识产权为实现创新驱动发展战略目标提供了重要的制度支撑和法律保障。可以认为，经济发展的新常态有赖于知识产权事业同步进入新常态。❶ 为深入贯彻落实《国家知识产权战略纲要》，国家知识产权局在2010年年底正式发布了《全国专利事业发展战略（2011—2020年）》。在战略重点和保障措施方面，明确提出了促进高等院校、科研院所有价值专利的运用，增强专利价值评估能力，积极引导市场主体重视专利价值挖掘。这也反映出经济新常态背景下我国专利事业发展对"高价值专利"的呼唤。

第一节 高价值专利培育的时代背景

一、知识产权战略支撑创新驱动发展

党的十八大报告强调要实施创新驱动发展战略，强调科技创新是提高社会生产力和综合国力的战略支撑，必须摆在国家发展全局的核心位置。这是我们党放眼世界、立足全局、面向未来作出的重大战略决策。❷ 2014年6月，习近平总书记在中国科学院第十七次院士大会、中国工程院第十二次院士大会上强调："党的十八大作出了实施创新驱动发展战略的重大部署，强调科技创新是提高社会生产力和综合国力的战略支撑，必须摆在国家发展全局的核心位置。这是党中央综合分析国内外大势、立足我国发展全局作出的重

---

❶ 吴汉东. 论知识产权事业发展新常态［N］. 中国知识产权报，2015 – 07 – 03（8）.
❷ 王志刚. 科技创新是提高社会生产力和综合国力的战略支撑［J］. 政策瞭望，2013（6）：50 – 52.

大战略抉择。"党的十九大报告进一步明确了"创新是引领发展的第一动力，是建设现代化经济体系的战略支撑"，提出"倡导创新文化，强化知识产权创造、保护、运用"。

知识产权制度作为国家创新体系的核心制度之一，在实施创新驱动发展战略过程中应该发挥核心支柱作用。知识产权驱动是实施创新驱动发展战略的主要模式，同时，知识产权制度是激励创新的基本保障。具体而言，知识产权制度对于激励创新有四个方面作用：一是评价创新，界定产权；二是保护创新，刺激投入；三是导航创新，配置资源；四是实现价值，支撑产业。❶ 诚如吴汉东教授所言，"在国家创新政策体系中，知识产权为实现创新驱动发展战略目标提供了重要的制度支撑和法律保障。知识产权战略既是国际市场竞争战略，又是中国创新发展战略"。❷ 从全球经验来看，一国经济若想实现创新驱动发展，就必须加大实施知识产权保护的力度。引领世界经济潮头的发达国家，都是制定和实施知识产权保护制度最好的国家。相反，凡是未能及时建立和有效实施知识产权保护制度的国家，鲜有真正实现可持续发展的先例。❸ 按照世界产业利润链评估，工业产品的利润80%以上都集中在以知识产权为核心的商标和专利许可上。在信息、生物、新能源、新材料等战略性新兴产业领域，知识产权的价值更为突出。例如，在半导体芯片价格中，86%以上都属于知识产权费用。现代工业尤其是战略性新兴产业一旦离开知识产权的支撑，必将寸步难行。❹

---

❶ 季节. 知识产权是创新驱动的核心支柱 [N]. 南方日报，2016 – 03 – 01 (2).
❷ 吴汉东. 知识产权战略：创新驱动发展的基本方略 [N]. 中国教育报，2013 – 02 – 22 (4).
❸ 任擎. 知识产权制度是创新驱动发展的战略支撑 [N]. 中国经济时报，2014 – 09 – 25 (6).
❹ 吴国平. 知识产权：经济创新驱动的关键 [N]. 光明日报，2014 – 01 – 29 (15).

二、从知识产权大国到知识产权强国

自从 1985 年我国设立专利制度以来，我国专利事业取得了长足发展。在专利制度实施之初的 1986 年，我国三种类型的专利申请受理量仅为 1.8 万件。2015 年，三种专利申请受理量 279.8 万件，比 1986 年增长 155.4 倍。2011 年以来，我国发明专利申请受理量居世界第一。2012 年 7 月，我国发明专利累计授权量突破 100 万件。用时 27 年，成为世界上实现这一目标最快的国家。❶ 截至 2016 年 7 月，我国发明专利受理量达到 700 万件，已公开的专利文献量累计高达 1300 万件，居世界第三位。❷ 为进一步贯彻落实《国家知识产权战略纲要》，全面提升知识产权综合能力，实现创新驱动发展，2015 年，我国发布《深入实施国家知识产权战略行动计划（2014—2020 年）》，明确提到 2020 年，我国每万人口的发明专利拥有量将达到 14 件（2015 年该指标为 6 件）。由此可见，未来我国的专利申请量仍将继续呈现高速增长的态势。

2014 年 7 月，李克强总理在会见世界知识产权组织总干事高锐时提出，"要努力建设知识产权强国"。国家知识产权局《知识产权强国基本特征与实现路径研究》报告指出：我国虽是一个知识产权大国，但还不是知识产权强国。与我国创新水平相对应，我国在知识产权人均拥有量、含金量、企业知识产权运用能力等方面较美国、日本等发达国家还有较大差距，尤其在核心技术的知识产权拥有量以及知识产权形成的竞争力方面差距很大，知识产权对国民经济、国际贸易、科技创新的显示度还不高。因此，我国知识产权实力提升的关键不仅在于持续加强知识产权能力建设，更为重要的是

---

❶ 蒋建科. 中国发明专利授权量达 100 万成为实现这一目标耗时最短国家 [N]. 人民日报（海外版），2012-07-17（1）.

❷ 数据来源：Innography.

全面提升知识产权的绩效。[1] 当前，我国已进入从"知识产权大国"向"知识产权强国"跨越的关键时期，作为国际经济贸易体制的"标配"、创新发展的"刚需"，知识产权在经济转型发展中起着重要的支撑作用。创新驱动发展和大众创业、万众创新更加需要发挥知识产权的激励和保障作用。[2] 知识产权强国建设指标如表1-1所示。

表1-1 知识产权强国建设目标指数[3]

目标指标	2012年	（预计）2020年	（预计）2030年
有效发明专利拥有量世界排名	世界第5	世界第3	世界第1
三方专利数量占全球比重	2.22%	12%	25%
全球PCT国际申请前500强占比	4.2%	15%	30%
知识密集型产业增加值占GDP比重	15.75%	32%	65%
全球最佳品牌100强企业占比	13%	26%	40%
知识产权许可费收入占全球比重	0.36%	8%	20%
知识产权保护力度	得分39	得分45	得分60
研发经费投入与GDP的比值	1.98%	2.5%	3%
每百万发明人专利申请量	世界第5	世界第3	世界第1

因此，在知识产权强国建设战略的推动下，知识产权事业的发展诉求已经从单纯的数量到质量的转变。在高铁"走出去"、核电"走出去"的同时，我们需要的是"高价值"的知识产权为产业发展保驾护航，用"高质量"的知识产权来彰显中国人民的聪慧，用"高质量"专利来检验企业、产业的创新实力和大国崛起。从现代化和法治化的意义来说，知识产权强国应该既是创新型国家，也是

---

[1] 《知识产权强国基本特征与实现路径研究》报告摘编［EB/OL］. 来源：国家知识产权局网站，发布时间：2015-12-23，网址：http://www.sipo.gov.cn/ztzl/qtzt/zscqqgjs/yjcg/201512/t20151223_1220737.html.

[2] 柯芰. 由多到优才能从大变强［N］. 经济日报，2016-01-15（1）.

[3] 《知识产权强国基本特征与实现路径研究》报告摘编［EB/OL］. 来源：国家知识产权局网站，发布时间：2015-12-23，网址：http://www.sipo.gov.cn/ztzl/qtzt/zscqqgjs/yjcg/201512/t20151223_1220737.html.

法治化国家。衡量一个国家是不是知识产权强国，应该包括与知识产权有关的制度建设、创造能力、产业发展、环境治理等主要表征及其评价指标。❶

第二节 高价值专利培育项目之缘起

一、专利工作基础与政策

2014年，江苏省专利申请量和授权量、发明专利申请量、企业专利申请量和授权量分别为421 907件、200 032件、146 660件、260 501件、131 966件，五项指标连续5年保持全国第一。❷ 此外，在第十六届中国专利奖评选活动中，江苏省荣获中国专利奖金奖3项、优秀奖50项，同比增长71%。

在此基础上，江苏省委、省政府2015年初在印发的《关于加快建设知识产权强省的意见》中，提出要实施高价值专利培育计划。❸ 随后，江苏省发布了《江苏省高价值专利培育计划组织实施方案（试行）》，该方案明确提出了"主动适应和引领经济发展新常态，以加快转变经济发展方式为主线，以市场为导向，以提升专利价值为目标，以战略性新兴产业和特色优势产业为重点，整合各类创新资源，着力推动深化产学研协同创新，建成一批集企业、高校科研院所、知识产权服务机构三位一体的高价值专利培育示范中心，培育一批国际竞争力强、具有较强前瞻性、能够引领产业发展的高价

---

❶ 韩霁. "知识产权强国"强在哪 [N]. 经济日报，2015-12-03 (3).
❷ 江苏省知识产权研究与保护协会. 2015江苏专利实力指数报告 [M]. 知识产权出版社，2015.
❸ 赵建国. 培育高价值专利：助推产业转型的新探索 [N]. 中国知识产权报，2016-06-24 (2).

值专利,为建设知识产权强省、加快我省产业转型升级提供强有力支撑"。❶

《江苏省高价值专利培育计划组织实施方案(试行)》的重点任务是:着力推动企业、高校科研院所、高端知识产权服务机构等共同组建高价值专利培育示范中心,围绕省战略性新兴产业,突破关键核心技术,形成高价值专利,推动产业向价值链高端攀升。重点突出以下内容。

(1)建立完善组织管理体系。高价值专利培育示范中心要成立多方参与的知识产权议事机构,负责信息平台建设、专利布局、研发方向确定、发明披露审查等重大事务的决策协商,协调合作各方人员、研发、信息等资源投入和专利权属,努力实现开放共享、持续发展。

(2)加快专利信息传播利用。充分利用国家知识产权局区域专利信息服务(南京)中心或企业化的数据资源,加强相关知识产权信息和市场竞争动态情况的收集、开发与利用,建立与本产业、行业相关技术发展、市场动态、专利数据等方面的信息库,在此基础上形成高价值专利培育中心内部共享的知识管理平台,为开展战略情报分析、科技创新提供支持。

(3)深化专利竞争态势分析。建立专利信息分析利用规范和机制,运用专利技术时序分析、主要竞争单位分析、技术成长率分析、专利功效图分析、专利引证分析、技术生命周期预测和专利组合分析等方法,确定产业专利发展和分布情况,评价企业竞争力和竞争环境,预测产业技术的发展趋势和产品市场需求。

(4)加强专利技术前瞻性布局。围绕产业链部署创新链,围绕

---

❶ 江苏省知识产权局. 江苏省高价值专利培育计划组织实施方案(试行)[EB/OL]. 来源:科易网,发布时间:2015-04-20,网址:http://www.1633.com/policy/zhuanti/view-10630302-1.html.

创新链部署专利链，依据分析结果，绘制专利地图，寻求产业发展技术空白点，确立核心技术和关键技术研发策略和路径，部署防御性专利申请，制定专利池等专利组合的组建方法，依据目标市场确定海外专利布局，提出参与重要国际国内标准制定的专利培育计划。

（5）强化研发过程专利管理。按照专利布局进行针对性的研发，建立研发管理标准体系，定期对研发过程中新增的专利申请进行分析评判，依据评判结果及时调整研发策略、优化研发路径，在事关产业发展的关键技术研发上取得突破。

（6）建立专利申请预审机制。建立研发成果披露审查机制，组织有一定专利运营、商业策划经验的专家，对研发成果的市场需求、商业风险、授权前景等进行评估，选择评估结果较好的研发成果，提交完整、充分的技术交底书，制定专利申请方案，对有市场缺陷的研发成果，提出改进意见。

（7）提升专利申请文件撰写质量。检索全球范围内的专利信息和科技文献，提高专利文献披露度；理解发明技术内容的实质，明确技术创新点，优化权利要求配置，确定合理权利要求范围；围绕同一技术方案，从不同角度对产品和工艺申请专利，形成能够全面系统保护创新成果的专利。

（8）加强专利申请后期跟踪。认真阅读审查意见内容、对审查意见及引用的对比文件进行分析，与研发人员深入交流，提出申请文件修改建议，撰写意见陈述书。积极利用专利审查绿色通道加强与审查员的沟通交流，配合专利审查，积极争取最大权益，保障专利保护范围合理稳定。

二、高价值专利项目规划

《江苏省高价值专利培育计划组织实施方案（试行）》明确申报主体的技术研发领域为：新材料、生物技术和新医药、节能环保、物联网和云计算、新一代信息技术和软件、高端装备制造。同时，对创新主体明确提出"具有较好的创新基础，企业有效专利数量不少于100件，或有效发明专利数量不少于50件；高校有效专利数量不少于1000件，或有效发明专利数量不少于100件；科研院所有效专利数量不少于100件，且有效发明专利数量不少于50件"等相关要求。对知识产权服务机构的申报提出"具有较高服务高价值专利培育的能力，拥有专利代理、信息服务、咨询服务等从业人员，且从业人员不少于30人，其中，与申报技术领域相关的专利代理人和专利信息检索分析人员不少于10人"等要求。

江苏省高价值项目规划为5年时间，预期5年实现100个项目资助。2015年，江苏省"高价值专利"项目首次立项7个项目，涵盖企业、高校和科研院所，每个项目运行3年，总项目经费2500万元。2015年立项的7家单位为：江苏恒瑞医药股份有限公司、南京理工大学、大全集团有限公司、中国电子科技集团有限公司第五十五研究所、中国科学院苏州纳米技术与纳米仿生研究所、江南大学、南车戚墅堰机车车辆工艺研究所有限公司。

高价值专利培育项目的整体设计，开全国知识产权工作质量提升之先河。企业开展高价值专利培育工作取得的成绩，印证了这项工作的重要价值。高价值专利培育工作是江苏省知识产权局在全国率先开展的一项创新性工作，是推进知识产权强省建设的重要抓手，也是推动江苏省产业转型升级的一项重要举措。

第三节　高价值专利的基本内涵

有关专利的释义早已在知识产权学科上给予了清晰解释，我国《专利法》还专门对发明、实用新型和外观设计三种类型作出了明确的界定。那么，何谓"高价值专利"？对其内涵的解读是本书要解决的第一个难题。

一、专利价值的观点争议

一般认为，专利价值是指专利预期可以给其所有者或使用者带来的利益在现实市场条件下的表现。"现代专利制度出现了一个看似无解的价值之谜：一方面，出现了数量急剧增长的专利申请案；另一方面，所有的经验证据表明，单个专利的平均价值却是非常之小，甚至小到可以忽略。这一问题在传统的激励发明理论中得不到合理的解释：如果专利权的经济价值不大，为何人们要大量申请专利？如果专利权具有重要经济价值的话，那么，它的价值又体现在哪里？"❶ 从业界对"专利价值"普遍认知来看，主要包括如下理解。

（一）专利价值与技术本身质量的关系

"每项创新技术，其应用的领域、在产业链中的地位差异、技术相关产品在市场上的需求量，都会影响到技术本身的价值。因此，技术的价值是专利价值的基础，这是大家对专利价值的普遍认识，也得到了专利申请人的广泛认可。一件专利的价值跟技术本身有必然联系，没有好技术，其专利价值一定好不到哪里去。但是，有好技术，没有形成高质量的专利申请文件，也不一定能形成高价值专利！"❷ 目前，我国大量的专利申请是"为赋新词强说愁"，本身没有一个好技术、好创新作为基础，大量的专利申请即便是获得授权后，往往也是束之高阁，或者干脆放弃。

（二）专利价值与专利申请质量的关系

即使有好技术，也不等于产出相应的好专利。以苹果公司语音

---

❶ 梁志文. 专利价值之谜及其理论求解 [J]. 法制与社会发展, 2012 (2): 130 – 140.
❷ 华冰. 谁影响了专利的价值 [N]. 中国科学报, 2015 – 11 – 09 (8).

系统 Siri 与上海智臻科技（小 i 机器人）的专利权纠纷为例，双方争议焦点是说明书及其摘要是否对技术方案进行了"清楚、完整"的公开。❶ 创新主体对专利撰写的专业性认知不足，我国整体的知识产权服务水平偏低，技术沟通不足和急于完成撰写量指标的专利代理人，完成的专利往往以低劣的撰写严重影响了"专利质量"。所以，有好技术是基础，但是专利代理人所做的申请文件撰写工作，是决定专利价值不可忽视的重要环节。❷

（三）专利价值与专利变现方式的关系

专利作为一种无形资产，包括企业、高校和科研院所在内的创新主体价值变现能力较弱，专利价值对创新主体而言，主要体现相关知识产权荣誉的获取。一旦发生专利侵权诉讼时，由于认定难、赔偿低（赔偿额度往往在几万元到几十万元人民币不等），专利权的"价值"往往不被公众所认可。中南财经政法大学吴汉东教授表示："如今美国的知识产权交易特别是专利交易，一年所涉及的金额达数万亿美元，一个专利甚至可以达到数百万美元。但是在中国，专利的交易额度非常有限，中国专利的平均交易额度仅有 2 万元人民币。"❸ 前高智发明中国区总裁严圣在"2011 中国专利信息年会"演讲中就曾直言不讳地说："不管以什么形式，只要发明专利的价值得到认同了，那就已经达到目的了。说句难听话，变成了钱，那就是有价值的东西。"❹ 此论点衡量"专利价值"的标准无疑是技术创新和产业应用，缺乏这两个基本属性，只能是"垃圾专利"或者"荣誉专利"了。

---

❶ 小 i 机器人案深度评析［EB/OL］. 来源：中国国际贸易促进委员会网站，发布时间：2015 - 07 - 24，网址：http://www.ccpit.org/Contents/Channel_3409/2015/0724/475230/content_475230.htm.
❷ 华冰. 谁影响了专利的价值［N］. 中国科学报，2015 - 11 - 09（8）.
❸ 邓翔. "中国制造"专利为何难"变现"？［N］. 南方日报，2015 - 10 - 26（2）.
❹ 郝俊. 专利"巨鳄"吞噬中国国家利益？［N］. 科学时报，2011 - 09 - 19（3）.

（四）中国专利的经济价值

2015年，华为公司副总裁宋柳平在"4·26知识产权发展国际论坛"演讲表示："我们国家的专利是世界最有价值的专利。"宋柳平先生的逻辑依据为："我们国家的专利这种财产权，从内在价值的角度来讲，是世界第一的。如果是学知识产权的就知道，国际公认的逻辑，专利是一种地域性的法律权利，一项专利内在价值的决定因素就是这个专利所覆盖的销售和制造的产品的总量是多少，如果这个量大，这项专利的价值就大。从这个意义上来讲，我们国家的专利是世界最有价值的专利……"❶ 事实上，周延鹏先生也曾表达过类似的观点，认为"一件中国专利将等于或大于一件美国专利的经济价值"。随着中国经济的持续成长和开放，各类产业结构的形成，规模经济的扩大，科技技术跳跃式的发展，与全球经济的密切互动，一件中国专利将等于或大于一件美国专利的经济价值的时代将会实现。政府、企业和专业人士均须共同快速塑造知识产权战略，并形成具体行动纲领和持续实践，方有机会在不久的将来实现一件中国专利将等于或大于一件美国专利的经济价值的愿景。❷

朱雪忠教授倡导辩证看待中国专利的数量与质量，仅从经济效益方面来衡量专利的质量，具有明显的局限性。在没有明确专利质量含义的情况下，笼统地讲专利质量的高低显得不太科学，除非上述几个方面都一致地高或低。❸

---

❶ 宋柳平. 我们国家的专利是世界最有价值的专利 [EB/OL]. 来源：4·26知识产权发展国际论坛——专利运营专题，发布时间：2015-04-22，网址：http://www.miitip.com/426IPRDIF2015/ltyc/259051.shtml.

❷ 周延鹏. 中国知识产权战略试探———件中国专利将等于或大于一件美国专利的经济价值 [A]. 第五届海峡两岸知识产权学术研讨会会议论文 [C]. 上海，2004.

❸ 朱雪忠. 辩证看待中国专利的数量与质量 [N]. 中国知识产权报，2013-12-13 (8).

13

二、高价值专利基本界定

上述有关专利价值的观点各有道理,但何为"高价值"尚未明确,也理应是一个综合要素的定义,本书尝试对此予以规范。

所谓高价值,可以从"创新水平高""市场占有稳定""权利状态稳定"三个方面来定义。"高价值专利"是受法律规范保护的发明创造,一项发明创造向国务院专利行政部门提出专利申请,经依法审查合格后向专利申请人授予的,在规定的时间内对该项发明创造享有的专有权。同时其赋予了高价值的特性,因此,高价值专利又具备以下要素:一是具有较高的技术含量,以技术创新性为基础,即"创新水平高";二是具有强法律保护属性,包括高质量的申请文本撰写,对发明人权利保护最大化和高质量的申请布局策略(技术布局和申请国家的布局战略),即"权利状态稳定";三是产业发展高依赖度、产业整体规模大,具有广泛且稳定的市场应用特征,即"市场占有稳定"。其中"市场占有稳定"是其成为"高价值专利",以及评估其价值实现最重要的特征指标。

因此,高价值专利的判定至少包括五个指标特征。一是发明创新难度大;二是专利文献披露度高;三是同族专利数量多;四是权利要求保护范围宽;五是技术适用方案程度广。[1] 结合产业发展而言,高价值专利是指战略性新兴产业、特色优势产业中,以企业为主体整合各类创新资源,积极开展产学研服(高端服务机构)紧密协作创新,并将创新成果形成具有较强前瞻性、能够引领产业发展、有较高市场价值的高质量、高水准专利或者专利组合。[2]

---

[1] 杜颖梅,黄红健. 江苏将推出高价值专利培育计划 [EB/OL]. 来源:新华报业网,发布时间:2014-01-18,网址:http://js.xhby.net/system/2014/01/18/020011645.shtml.

[2] 施晓平. 600万元扶持高价值专利项目 培育专利创造高地 [EB/OL]. 来源:苏州新闻网,发布时间:2016-10-12,网址:http://www.subaonet.com/2016/1012/1842886.shtml.

从类型上看，发明专利、实用新型、外观设计均可能具备"高价值"的特征。"高价值专利"的价值是有时间限制的，而且是动态的。从时间限制本身来说，发明专利本身的保护期为20年（美国、日本药物专利有延长专利保护期的制度）。从动态特性来看，随着本领域的科学研究、产业发展、专利自身法律属性的变动（失效、无效等）等因素变化，其价值也是动态变化的。

从数量上看，"高价值专利"可以是孤立的一件专利，也可以是一系列专利组成的专利组合。孤立的一件专利，可能技术创新很好，但也存在遭遇竞争围攻的风险，使得其专利生命周期短，这种情况下，这一孤立的专利也仅仅是实现了暂时的高价值。真正的高价值专利是期望企业能通过战略布局，在布局的过程中形成专利组、专利池，依靠不同专利之间的相互协同作用，打破孤立的专利在技术、时间保护上的局限性，从而使得技术的生命周期变长，对企业的创新技术和其产品构建完整、严密和持续的保护网络，从而达到有效保护自身专利技术的目的。

三、高价值专利案例诠释

本书以医药行业立普妥（阿托伐他汀钙片）为典型的"高价值专利"，进行案例诠释。立普妥是由辉瑞制药有限公司（以下简称辉瑞公司）研发的降脂药。适应症为：高胆固醇血症、冠心病或冠心病等危症（如糖尿病、症状性动脉粥样硬化性疾病等）合并高胆固醇血症或混合型血脂异常的患者。本品适用于：降低非致死性心肌梗死的风险，降低致死性和非致死性卒中的风险，降低血管重建术的风险，降低因充血性心力衰竭而住院的风险，降低心绞痛的风险。上市之前，已经有舒降之（辛伐他汀）等数个品种上市，但由于立普妥在临床试验阶段就表现出了巨大优势，其显著的疗效和安全性带动了市场份额的快速增长。❶ 通过检索立普妥的部分基础专利，相关信息如表1－2所示。

表1－2 立普妥基础专利

公开号	专利权人	专利强度❷	优先权日	涉诉	被告	被引
US4681893A	Warner－Lambert Company	70th—80th	1986.5.30	13	Ranbaxy Laboratories（11起） Taro Pharmaceuticals（1起） Geneva Pharmaceutica（1起）	590
US5273995A	Warner－Lambert Company	70th—80th	1989.7.21	13	Ranbaxy Laboratories（5起） MylanInc（1起） ApotexInc（3起） Teva Pharmaceuticals（2起） Cobalt Pharmaceuticals（2起）	806
WO09716184A1	Warner－Lambert Company	50th—60th	1995.11.2	0	无	27
WO09703959A1	Warner－Lambert Company	50th—60th	1995.7.17	0	无	104
WO941669A1	Warner－Lambert Company	50th—60th	1993.1.19	0	无	65
US5298627A	Warner－Lambert Company	50th—60th	1993.3.3	0	无	187
WO09703960A1	Warner－Lambert Company	40th—50th	1995.7.17	0	无	71
WO09703958A1	Warner－Lambert Company	40th—50th	1995.7.17	0	无	88

---

❶ 苏月等．"重磅炸弹"药物对全球药物研发趋势的影响［J］．中国新药杂志，2014（12）：1354－1358．

❷ Innography专利评价新指标。

立普妥的专利可谓典型的"高价值专利",其特征表现为如下几个方面。

(1)关联市场销售额高。2004年,立普妥成为全球首个销售额突破百亿美元的药物。2006年,一路高歌猛进的立普妥达到其销售顶峰(如图1-1所示)。在专利保护期内成为医药史上首个销售额超千亿美元的药物,甚至有报道称它是全球最成功的药物,从实验室到名利场,没有之一,独霸15年。❶

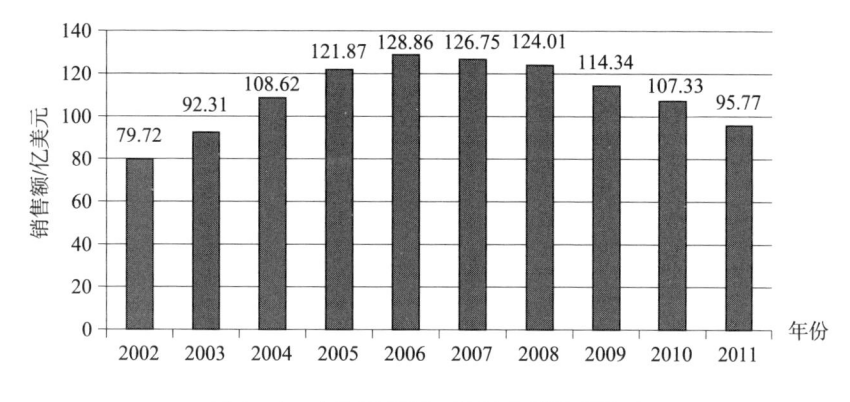

图 1-1 立普妥 2002—2011 年销售额情况

(2)高质量的文本撰写。以晶型专利 WO9703959A1 的引用为例,被引用次数达到104,其中自引15件,他引89件,在这些引用人当中,不乏有全球仿制药巨头梯瓦制药、世界三大制药公司之一的诺华等。梯瓦制药后续关于阿托伐他汀半钙Ⅰ型和Ⅶ型、阿托伐他汀半钙无定型、阿托伐他汀半钙制备方法等专利中均有引用该件专利。此外,经过多次的专利诉讼洗礼,其"高价值专利"的权利要求难以被撼动。

(3)高质量的专利布局。从 Warner-Lambert 公司早期的专利申请来看,从中间体、产品、组合物、制备方法、晶体等不同角度申请

---

❶ 王蔚佳. 专利保护到期 立普妥神话终结 [N]. 第一财经日报, 2011-12-13.

了一系列专利，已经完成了中间体及其制备方法（US4681893A、US5298627A）、产品（US5273995A）、四种晶体（WO9703958A1、WO9703959A1）、非晶型产品（WO9703960A1）、部分组合物（WO9416693A1、WO9716184A1）的专利申请，其作为原研企业在专利上的优势显露无疑。对于基础专利，在国际市场进行了严密的申请布局。

立普妥专利的辉煌由于2011年的专利到期而走向终结。核心专利保护失效的境地，被制药公司形象地称之为"专利悬崖"（Patent Cliff）❶，而其中，曾经在销售最顶峰的立普妥无疑又最具代表性。❷这意味着放开专利保护后，大量竞争者蜂拥而上，辉瑞公司一家独霸的局面彻底成为历史。事实上，所有投入重金研发的世界畅销药物，都面临着立普妥同样的命运——数十年艰苦研发，申请专利保护，在市场独霸获取丰厚利润，专利到期后仿制厂家涌入。这也说明"高价值专利"的时间限度和动态特性。

---

❶ 专利悬崖（Patent Cliff）是指企业的收入在一项利润丰厚的专利失效后大幅度下降。即企业的一个专利过了保护期之后，依靠专利保护获取销售额和利润的企业就会一落千丈。近年来，医药领域的专利悬崖现象已经引发媒体和业界的极大关注。参见盘点：2015年十大专利悬崖［EB/OL］．来源：中国医药联盟，发布时间：2014-12-19，网址：http://www.chinamsr.com/2014/1219/83047.shtml.

❷ 王蔚佳．专利保护到期 立普妥神话终结［N］．第一财经日报，2011-12-13.

第二章

国内外专利价值研究与实践

20世纪80年代以来,电子信息技术、计算机科学技术等新兴技术的迅速发展,是无形资产成为各国经济发展动力和综合国力的重要标志之一。无形资产尤其是专利对国家、企业的重要性不断凸显。发达国家很早就重视专利价值的独特作用,将专利价值用于企业技术创新、国家或地区科技竞争力评估、经济走向预测、股票和证券市场分析等领域。[1] 专利价值研究主要包括狭义的专利价值评估和广义的专利价值评估,其在国内外都已经有了一定规模的研究和探索。广义的专利价值评估不仅包括专利的定价,同时还结合同类型其他专利,从法律、技术、经济等维度,对被评估专利进行价值度分析(Evaluation)[2]。而狭义的专利价值评估是指专利的定价、估价(Valuation)。

目前,专利价格的计算方法多采用无形资产评估的方法,主要包括重置成本法、市场比较法和收益现值法。具体而言,"重置成本法"是在现实条件下,按照资产从全新开始到报废的一般演变规律,从测算资产全新状态时的最大可能值开始,顺序扣减实际产生的实体性、功能性与经济性陈旧贬值来确定现时价值的一种方法。根据专利的法律、技术、经济等属性,确认其有效性、功能性、经济性来计算专利的实际价格。"市场比较法"是一种最直接简单的资产评估方法。它是以与评估专利相一致的同类专利在同一市场上的价值作为参照来测算评估对象的价值。通过市场调查选择一个或多个与评估对象相同或类似的专利作为参照物,分析参照物的构造、功能、性能、新旧程度、地区差别、交易条件及成交价格等,找到两个相类似的专利或者到影响专利价值的共性特征,通过对比

---

[1] 李振亚,孟凡生,曹霞. 基于四要素的专利价值评估方法研究[J]. 情报杂志,2010(8):87-90.

[2] 赵晨. 专利价值评估的方法与实务[J]. 电子知识产权,2006(11):24-27.

分析预测专利价值。[1] "收益现值法"是通过预测评估对象剩余寿命期间，周期性（一般为一年）的未来收益，并选择适用折现率将未来收益一一折合成评估基准日期的现值，用各期未来收益现值累加之和作为评估对象重估价值的一种方法。"收益现值法"的基本前提是：评估对象使用时间较长，不仅近期能得到一定的纯收益，而且具有连续性，能在未来相当长时间内取得一定的纯收益。该评估对象的价值相当于将未来的收益折合成现在的一个货币量。收益现值法借助的是复利计息法的原理及其计算公式，即已知利率、本利与期限求本金的逆运算。因此，资产为其所有者以后每年所能带来的纯收益，已不再是单利息法概念下的利息收入，其中已包含了应偿付的本金，即不用另外再偿付本金。运用收益现值法评估一项专利的价值，需要确定三个因素，即剩余经济寿命、预期收益和折现率。[2]

专利资产通常具有行业垄断性，"市场比较法"对外部条件的要求最高，需要有完善的产权交易市场和充分的可比交易。但是，我国专利资产交易市场尚不完善，寻找与被评估专利资产相似的可比交易案例过于困难，因此，"市场比较法"评估专利资产并不适合我国国情。"重置成本法"是一种通过对专利资产本身的分析，多用在收益额无法预测和市场无法比较情况下的技术转让，它的准确性较高。但一项专利的研发成本本身具有弱对应性，且专利的研发成本与其未来的获利能力并无直接关系，因此，用"重置成本法"评估出的专利价值往往并不接近市场价值，同时专利资产较为复杂，成本核算也相当困难。而"收益现值法"具有很大的不确定性，不确定的远期现金流和贴现率都需要进行预测，因而通常会受

---

[1] 程勇. 专利价值的评估及实现策略 [D]. 华中科技大学，2006.
[2] 程勇. 专利价值的评估及实现策略 [D]. 华中科技大学，2006.

制于主观的假设。在传统评估方法受到限制的情况下，需要从专利权的特性出发，寻找新的评估思路：即对专利资产的权利人而言，拥有专利权实际上意味着拥有一种选择权。从期权的角度出发，运用实物期权定价法评估专利技术，当未来专利产品的市场状况较好时，专利权人选择投资专利产品的生产，扩大经营规模；当未来专利产品的市场状况欠佳时，专利权人选择延期投资或者放弃投资。这种通过以附着于专利资产上的看涨期权的价值作为专利资产价格，正在成为专利价格计算方法的一个新方向。目前，世界各国对专利价值评估进行了理论探索，采用了不同方式进行专利评估。以下将归纳不同国家和地区对专利价值理论的研究探索，并通过具体案例说明专利价值实践的重大意义。

第一节　欧美国家对专利价值的研究

不同专利存在巨大的价值差异，只有少数专利通过技术垄断获得了高额的回报，而大部分专利未能成功地商业化，或者未能产生较高的商业化回报。Sanders 等[1]在 20 世纪 50 年代末首次较为系统地研究了专利的价值，他们通过大规模问卷调查发现：虽然一半以上的专利进行了商业化应用，但不同专利的价值存在巨大的差异。Scherers 等发现最具价值的 10% 的专利占据了专利总价值的 80% 以上，专利价值的分布是一个长尾，只有很少的专利会产生高额的回报，专利价值的分布近似遵从对数正态分布。这与 Khouy 等对专利价值分布状态的研究工作，认为企业专利资产价值的分布应该比较

---

[1] Sanders B S, Rossman J, Harris L J, The economic impact of patents [J]. Patent, Trademark and Copyright Journal, 1958(22):340 - 362.

接近对数常态（Log-normal）分布，而非常态（Normal）分布，峰值出现在少数高价值的专利资产附近，其他的专利资产则形成低价值的和缓曲线的研究结论相一致。❶

专利价值是呈对数常态曲线分布，大部分专利价值很低甚至毫无价值，极少部分的高价值专利贡献总价值的大部分（如图2-1所示）。

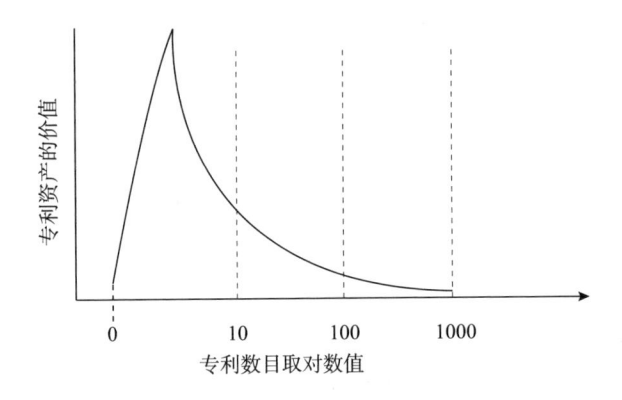

图2-1 专利价值的对数常态分布

Pakes（1986）、Tong（1992）、Lerner（1994）以及Putnam（1996）等学者分别研究了专利的文献概述、权利要求、专利族等指标在专利价值评估中的作用，甚至连专利开发背景、专利技术公开程度等定性指标也被纳入专利价值评估指标中。❷ Harhoff（2003）等将专利的价值定义为资产价值，该价值需要考虑专利对于专利保护的产品的价格、成本和销售量的影响效果，以及对竞争对手的影响。❸ 此外，Hall（2007）等用Tobin's q作为衡量企业的市场价值

---

❶ Khoury S, Daniele J, Germeraad P. Selection and application of intellectual property valuation methods in portfolio management and value extraction[J]. Les Nouvelles, 2007(9): 77-86.

❷ 马慧民, 王鸣涛, 叶春明. 日美知识产权综合评价指标体系介绍[J]. 经济与法, 2007 (11): 301-302.

❸ Harhoff D, Scherer F M, Vopel K. Citations, family size, opposition and the value of patent rights[J]. Research Policy, 2003, 32(8): 1343-1363.

的指标，发现专利的引用与企业的市场价值有显著正相关关系，每一项专利的每一次额外的引用都会带来企业市场价值3%的增长。❶

Khouy在专利价值分布特性的基础上，指出专利资产的价值萃取（Value Extraction）依照其报酬与投入的成本及时间可以分成以下几种（如图2-2所示）：成本规避、专利维持费、专利使用费、捐赠、强制实施、合伙、再投资。他们认为专利资产的运用不但应该考量其价值，同时也要考量其价值萃取时所需投入的时间与成本。一般而言，可以获取高利润回馈的专利，其利润化的过程需要投入的时间与成本通常也越高。❷

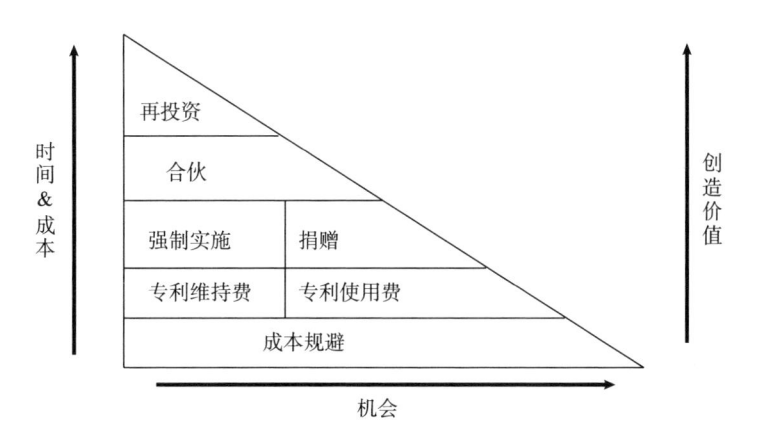

图2-2　专利价值萃取时间、成本、机会与价值创造

此外，Sapsalis（2006）认为如果从本质上探讨专利资产的价值，比较全面的指标应从以下四个方面进行研究❸：一是专利的科学背景指标，主要包括科学参考的来源和数量以及非专利引用等指标；二是专利的技术指标，主要包括参考以前专利的数量和类别以

---

❶ Hall B H, Thoma G, Torrisi S. The market value of patents and R&D: evidence from European firms[J]. Working Paper, September 2007, https://ssrn.com/abstract=1016338.
❷ 简兆良. 专利资产评估方法研究[D]. 台湾政治大学，2003.
❸ Sapsalis E., Bruno van Pottelsberghe de la Potterie, Ran Navon. R. Academic versus industry patenting: a in-depth analysis of what determines patents value[J]. Research Policy, 2006, 35(10): 1631-1645.

及专利被引数量等；三是专利保护的地域范围指标，主要包括专利申请保护及其批准的地域等；四是专利合作倾向性指标，主要包括专利合作者的类型和数量等。Schettino（2008）[1] 以被引次数、引用文献数、权利要求数和专利族大小作为专利质量评价指标，构建了专利质量综合评价模型，研究发现专利质量与专利数量之间的关系是相对独立的。

在专利价值研究最活跃的欧美地区，专利价值评估指标体系模型不断推陈出新。目前比较成熟的专利价值评估体系理论模型主要包括专利计分体系、佐治亚太平洋（Georgia – Pacific）指标体系以及 LS 评估模型等。

一、专利计分体系

近年来，专利评估公司为了能够及时获得专利价值信息，先后推出了不同的专利评分标准。美国在这方面的研究比较早，专利记分牌方法是美国知识产权咨询机构 CHI Research 公司（以下简称 CHI）首创的。早在 20 世纪 70 年代早期，CHI 便与美国国家科学基金会一起研发出全球第一个科学成果指标，美国国家科学基金会编写出版的《美国科学与工程指标》报告采用了 CHI 的专利指标体系。OECD 科技指标系列手册中的《专利手册》也全面记载了这套指标的概念和计算方法。[2] CHI 专利评价指标主要包含专利数量、专利引用（包括前引和后引）、当前影响指数、科学关联指数、技术生命周期、科学关联性以及科学力量 7 项经典的专利价值评估指标。但是 CHI 指标过于从技术的角度探讨专利的价值，缺乏市场角

---

[1] Schettino F, Sterlacchini A, Venturini F. Inventive productivity and patent quality：Evidence from Italian inventors[J]. Journal of Policy Modeling, 2008, 35(6)：1043 – 1056.

[2] 党倩娜. 专利分析方法和主要指标［EB/OL］. 来源：上海科学技术情报研究所，发布时间：2005 – 11 – 21，网址：http：//www. istis. sh. cn/list/list. aspx？id = 2402.

度的分析。目前大多数国家吸收和借鉴了 CHI 指标评价体系，同时综合市场调查数据进行分析，进一步完善 CHI 指标评价体系。

二、佐治亚－太平洋指标体系

佐治亚太平洋指标体系是借助专利许可费以评价专利价值的重要参考指标体系，是美国专利诉讼赔偿计算经常用到的方法之一。1996 年，美国联邦法院确立了在确定专利许可使用费时需要考虑的指标体系，包括专利权人的许可使用费、其他可参考的专利许可费用、许可的种类和范围、许可人的营销策略以及许可政策、被许可人与许可人之间的关系、专利产品对非专利产品销售的影响、专利的权利期限以及许可期限、专利技术制造的产品的受欢迎度及历史商业获利状况、专利技术产品相比于先前可以到达相似结果的技术产品的便利以及优势等 15 项指标。Georgia－Pacific 案所确立的十五因素法，成为后续一系列涉及专利价值评估案例的基础。[1]

三、L－S 评估模型

Lanjouw－Schankerman 专利价值评估模型（简称 LS 模型）是耶鲁大学的 Lanjouw 教授与伦敦经济政治学院的 Schankerman 教授于 1999 年提出的。该模型在近几十年专利价值评估研究的基础上，进行了大规模的实证分析。他们选择了引用次数（Backward Citation，BC）、被引用次数（Forward Citation，FC）、同族专利数（Family Size，FS）和专利权利要求数（the Number of Claims，NC）等作为专利价值的评价指标，收集了美国 1960—1991 年的 6111 项专利数据，通过因子分析的方法，构建了综合专利价值指数（Composite

---

[1] 刘一飞. 从美国 Georgia－Pacific 案及其最新适用看专利侵权案件中合理专利许可费的计算 [J]. 科技创新与知识产权，2010（5）：43.

Index of Patent Value，CIPV），数值越高表示专利价值越大，并用企业的专利更新和专利异议数据进行了验证，发现有很好的统计相关性。[1] 具体计算模型如下：

$$CIPV = \alpha_1 \lg FC + \alpha_2 \lg NC + \alpha_3 \lg FS + \alpha_4 \lg BC$$

四、欧洲专利局评估软件 IPScore

2002 年丹麦专利局与哥本哈根商学院教授 Jan Mouritsen 合作研发了一款评估专利价值的系统性工具——IPScore 2.0，随后在欧洲专利局进行了三种常见语言（英语、法语、德语）的推广。IPScore 2.0 是以反映被评估专利净现值的经济预测的形式进行定性和定量的评估系统。工具的实现是基于 Microsoft Access 2000 数据库，它提供了一个评估及有效管理专利的框架。IPScore 系统最后输出的结果是各类图表及专利评估报告。因其使用简便、界面友好、结果可靠，被欧洲公司尤其是中小企业广泛使用。通过登录欧洲专利局网站进行简单的 IPScore 注册[2]，即可免费下载 IPScore 系统。[3] 但由于其母语版本限制、中国国情下的数据获取障碍进一步限制了在中国企业的推广应用。

五、Innography 专利强度

美国 ProQuest 公司研发的 Innography 专利检索和评估工具，是国际上首创的"patent strength"（专利强度）的分析系统。专利强度是 Innography 独创的专利评价新指标，来自加州大学伯克利分校、斯坦福大学、德克萨斯大学以及乔治梅森大学的最新研究成果，旨

---

[1] 胡元佳，卞鹰，王一涛. Lanjouw – Schankerman 专利价值评估模型在制药企业品种选择中的应用［J］. 中国医药工业杂志，2007（2）：20 – 22.

[2] 注册网址：IPScore 2.2 manual, http://www.epo.org/searching – for – patents/business/ipscore.html#tab1.

[3] 李红. 基于 IPScore 的专利价值评估研究［J］. 会计之友，2014（17）：2 – 7.

在帮助用户快速有效地寻找核心专利（如图 2-3 所示）。专利强度参考了十余个专利价值的相关指标，包括专利权利要求数量（Patent Claim）、引用先前技术文献数量（Prior Art Citations Made）、专利被引用次数（Citations Received）、专利及专利申请案的家族（Families of Applications and Patents）、专利申请时程（Prosecution Length）、专利年龄（Patent Age）、专利诉讼（Patent Litigation）及其他（Others）。专利强度可从海量数据筛选出核心专利，集中注意力到高价值文献领域，是专利文献利用的前沿方向。❶

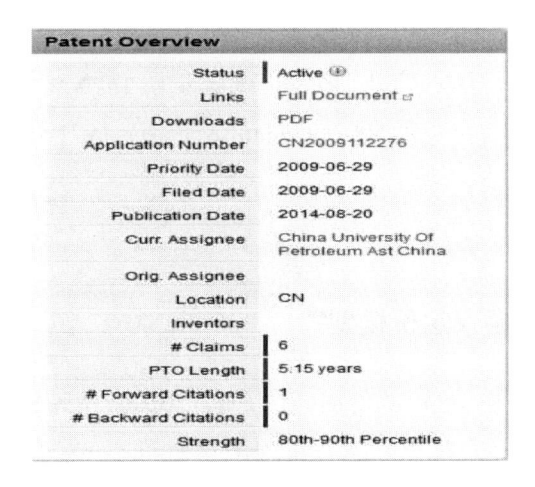

图 2-3　专利强度评价图

六、Ocean Tomo 评价体系

Ocean Tomo 300™指数是 2006 年美国 Ocean Tomo 公司与美国证券交易所联合发布的基于公司 IP 资产价值的股票指数，该指数专门供投资者进行投资决策时使用，对于企业专利的价值评估和获得资本市场的认同具有非常重要的意义。Ocean Tomo 300™指数是由 300

---

❶ Innography 专利分析平台，网址：http://libweb.zju.edu.cn/libweb/redir.php?catalog_id=120523.

家拥有高质量专利的公开上市公司股本加权系数构成。其中，高质量专利的筛选是 Ocean Tomo 公司使用在业内具有一定权威性的自研发分析工具 Ocean Tomo Patent Rating 系统软件进行分析的。Ocean Tomo 300™指数主要用于对某一公司拥有的专利技术进行客观一致的评价，也可以评价公司技术与财务发展状况，同时还有一些指标是用来测量公司技术分布情况。它已经成为目前美国一个主要的在市场对专利技术予以认可之前对技术创新的价值进行预测的重要经济指标。❶ Ocean Tomo300™指数的出现对知识产权证券化制度的发展也具有划时代的意义。美国证券交易所认为："从美国的证券发展历史来看，Ocean Tomo 300™指数可以说是自 1896 年道·琼斯指数、1957 年标准 & 普尔指数 500（Standard & Poor）、1971 年纳斯达克综合指数发布以后 35 年来，第一只重要的、基于广泛基础上的股票指数。"❷

七、BOS 期权定价模型❸

在专利转让与许可的价值评估方面，Black 和 Scholes 在 1973 年提出了金融期权的概念，同时也提出了第一个 Black – Scholes 的期权定价模型（BOS 模型）。美国经济学家 Robert Morton 把专利资产的收益率考虑进去后，对 BOS 模型进行了改进，使得改进后的模型适用于竞争市场中的期权价值评估。1985 年，Mason 和 Merton 通过研究指出，在与标准的 DCF（贴现的现金流）方法同样的假设下，可以用推导标准金融期权定价模型的方法来建立实物期权定价模型。由于专利这种无形资产的高度不确定性，原有的价值评估方法

---

❶ Sloan P. Cashing in on the patent mess：Chicago startup Ocean Tomo plans to become the do – it – all player of the intellectual property era［J］. The Patent Machine，2006 – 07 – 17.

❷ 董涛. Ocean Tomo 300™专利指数评析［J］. 电子知识产权，2008（5）：43 – 46.

❸ Black F，Scholes M. The pricing of options and corporate liabilities［J］. Journal of Political Economy，1973，81（3）：637 – 654.

已经很难评估专利的价值,并且传统的净现值等方法不能很好地处理专利投资过程中的不确定性。根据实物期权理论将不确定性大、风险高的专利项目进行评估,可以根据市场价格的随机波动反映专利的投资价值和潜在价值。❶

第二节　亚洲国家对专利价值的研究

随着科技创新的脚步不断加快,专利价值评估的重要作用日益凸显,日本和韩国等亚洲国家也活跃着越来越多的专利基金。日本政府在 2010 年 8 月成立了首只专利基金——生命科学知识产权平台基金(Life Science IP Platform Fund,LSIP),通过专利捆绑许可和专利孵化实现其潜在价值。LSIP 基金的主要目的并非经济利益。其优先任务是为整体经济利益提供支持,促进研发并加强日本经济的竞争力。❷ 韩国在 2010 年成立 IP 立方体合作伙伴(IP Cube Partners)和知识探索(Intellectual Discovery)两只基金,以帮助韩国企业保护自身专利免受 NPEs 的威胁和获取高价值专利。如何评估专利价值以及如何产生更多吸引企业的专利一直是这些基金亟待解决的核心难题。

一、日本对专利价值的研究

相比欧美较为成熟的知识产权市场,亚洲国家对专利价值的研究较晚。1993 年底,日本特许厅公布了较为完善的指标体系——《日本知识产权管理评估指标》,此指标主要由战略性指标和定量性指标共同构成。其中,战略性指标主要分为经营战略、技术战略、

---

❶ 王雪冬. 基于实物期权的专利价值评估研究 [D]. 大连理工大学,2006.
❷ 中国技术交易所. 国内外知识产权运营基金情况报告 [EB/OL]. 来源:技 E 网,发布时间:2016 – 01 – 20,网址:http://www.ctex.cn/article/zxdt/xwzx/hyxw/201601/20160100014227.shtml.

知识产权信息战略、国际战略和法务战略五大战略；定量性指标则主要包括知识产权工作人员的数量、专利收支额、专利实施率、侵权纠纷案的件数以及知识产权相关奖金的最高额。1998年12月，日本知识产权管理评估指标制定委员会成立，该体系是日本特许厅根据指标制定委员会的研讨结果制定的。知识产权管理评估指标制定委员会成员是由企业界及新闻界人士、代理人、学者等各界人士组成。制定该指标体系的目的在于统一评估企业知识产权管理现状的标准，使企业能够更加客观地评价自身知识产权管理及应用状况，以提高经营者的知识产权意识，从而提高企业的竞争力。❶

在借鉴前人研究的基础上，日本企业在专利价值评估方面也做了很多尝试。例如，日本新技术开发集团公司曾采用过的"新增利润"计算法。企业的新增利润是由于使用专利技术，降低了生产成本，提高了产品质量，进而使销售价格上升，销售数量增加，因此这种方法可以从使用专利技术后的盈利和未使用专利技术时用普通方法生产的盈利相减得出。该计算方法主要针对新增利润较为方便，并针对产品的不同生产模式和用途均有不同的考虑和方式的生产型企业。此外，日本发明协会也曾使用过的"经济预测"计算法。企业"经济预测"计算法模型主要包括权利的评价和实施费用的计算两大部分。❷

二、韩国对专利价值的研究

2011年4月29日，韩国国会全体会议通过《韩国知识产权基本法》。作为韩国国家知识产权战略的基础和支柱的《韩国知识产

---

❶ 马慧民，王鸣涛，叶春明. 日美知识产权综合评价指标体系介绍 [J]. 商场现代化，2007（31）：301 - 302.

❷ 专利价值评估的方法 [EB/OL]. 来源：豆丁网，网址：http://www.docin.com/p - 1672043996.html.

权基本法》第 27 条，提出了构建知识财产的价值评估体系等。具体内容包括：一是为促进对知识财产的客观价值评价，政府应建立知识财产价值的评估技法以及评估体系；二是政府应支援以上所述评估技法及技术体系应用于有关知识财产交易、金融等；三是为促进对知识财产的价值评估事业的开展，政府应努力培养相关人才。❶

韩国采取多项举措促进知识产权的产业化，以求创造更大的市场价值。一是政府在增加研发预算的同时，尤其要增加技术转让和实施的预算比例。二是选择绿色、新增长动力的知识产权，在新技术产业化、走向市场之前提供资金支持，从现在以支援小型项目为主（7.5 亿韩元），到增加大中型项目（25 100 亿韩元）。三是充分挖掘知识产权的市场价值，促进运用。对授权后 3 年内闲置的国家所有专利，任何人可以免费使用 1 年，之后 3 年享受 50% 专利许可费的优惠，特许厅为此专门建立了方便国家所有专利交易的在线交易系统。四是加强大学、公共研究机构的知识产权力量，有效发掘有潜力的专利技术，并实现产业化，建立技术发掘—树立战略—市场分析—营销全过程的支持模式；选派具有丰富知识产权管理经验的专家，帮助大学提高知识产权管理能力。❷

为了推进大德特区内的政府出资科研机构与大学所拥有的海外专利权的商业化，韩国科学技术部与大德研究开发特区宣布将积极支援专利资产实查工作。旨在通过对政府出资科研机构所拥有的海外专利权的技术价值的分析与评估，发掘有可能商业化的技术，按照技术种类的不同，分别采取不同的商业化和转让等措施，以实现

---

❶ 韩国知识产权基本法（译文）[EB/OL]．来源：国家知识产权局，发布时间：2012 - 09 - 20，网址：http://www.sipo.gov.cn/ztzl/ywzt/qgzlsyfzzltjgz/newsps/201311/t20131113_879233.html．

❷ 付明星．韩国知识产权政策及管理新动向研究 [J]．知识产权，2010，20（2）：92 - 96．

海外专利的有效管理和发挥作用。❶ 目前，如韩国科技信用担保基金（KIBO）和韩国软件振兴院（KIPA）的政府授权评估组织主要以贴现现金流法（DCF）来评估知识产权。❷

从韩国企业的探索来看，知识探索（Intellectual Discovery）公司的知识产权挖掘打包，致力于提供"一站式"解决方案，主要包括知识产权吸引力评价、专利技术潜能分析、知识产权需求与供给分析、知识产权评价体系以及知识产权机会分析和专利价值评估。具体工作包括：一是知识产权态势分析，即建立能够快速区分具有潜力的标准专利的体系；二是必要专利和潜力分析，提供快捷准确的查询方式，寻找具有较高潜力的标准技术专利；三是知识产权市场分析，考察知识产权市场需求和知识产权权利人的财务信息，确定知识产权的市场价值；四是知识产权价值链分析，提供一致有效的筛查机制，以便准确判断特定技术领域的目标公司、知识产权需求和供给来源，同时还需考虑专利权人的特征实现供求双方的相互匹配；五是知识产权得分与评价分析，考虑知识产权产业特性、市场需求等因素建立一套专利评价体系。❸

三、新加坡对专利价值的研究

2013 年 4 月，新加坡政府同意了知识产权中心总体规划中的各项建议，推出了很多活动和项目，以发展新加坡知识产权基础建设和生态系统。新加坡在 2014 年成立知识产权价值实验室（IP Value Lab），协助商家通过知识产权管理和策略、商业化和货币

---

❶ 刘昌明. 韩国的专利战略及其启示 [J]. 科学学与科学技术管理, 2007 (4): 10 – 15.
❷ 史蒂夫·赛尔·吴（Steve S. Oh）. 韩国知识产权融资现状 [EB/OL]. 2014 韩国专利代理人协会—中华全国专利代理人协会（KPAA – ACPAA）联合会议, 来源: 百度文库, 网址: http://wenku.baidu.com/link? url = UbAtijfg1gcfgcuYwUNq32OLKFK7tAZhKnpQuCvn44qbMM9Mjp4IYm77y4Np7nYJd6QN3Sy_hyzkr7jS70A8W_JyU – y3JQG4F9CwDGP3J53.
❸ 孟奇勋. 专利集中战略研究 [M]. 知识产权出版社, 2013: 201 – 202.

化,来释放点子和创新的价值。作为新加坡知识产权局(IPOS)的一个附属机构,IP Value Lab 将发展新加坡知识产权管理并制定战略,促进知识产权商业化与货币化以及知识产权评估。

对企业和投资者而言,IP Value Lab 提供将其知识产权资产货币化的评估意见。IP Value Lab 能让企业把知识产权放在企业战略的核心位置,提供有助于它们在发展或扩展计划中更好地了解和挖掘知识产权的服务。对从业者和学者而言,IP Value Lab 提供一个平台协助研究工作并在知识产权评估方法和最佳实践中提供思想上的指导,核心是挖掘与产业相关的、可行的见解。这将提高知识产权交易的信心和信任水平。实验室还提供培训和认证,以提高专业能力。为实现这些目标,IP Value Lab 与新加坡会计发展局(SAC)合作制定和改进知识产权评估指南、方法和最佳实践,并制定针对知识产权评估者的培训课程。SAC 还加入 IP Value Lab 的咨询专家组,以提供战略性的指导意见。❶

2014 年,新加坡政府推出一项总值 1 亿新元(约合 5 亿元人民币)的"知识产权融资计划"(IP Financing Scheme),让本地企业以知识产权作抵押获得贷款,知识产权持有者也可以把商标和版权货币化。与此同时,新加坡也致力发展在评估知识产权上的专长,一个知识产权的基线值可以让所有利益相关者从中获益。❷ 该计划通过政府与银行共同承担部分债务风险,帮助新加坡企业使用知识产权获得银行贷款。新加坡知识产权局委任 3 家专业机构评估企业的专利,企业可以把专利作为抵押资产,向新加坡的大华、华侨和星展银行申请贷款。通过评估知识产权的价值,套现企业未来的资金流。❸

---

❶ 新加坡力争成为亚洲知识产权中心 [EB/OL]. 来源:国家知识产权局,发布时间:2014 – 09 – 09,网址:http://www.sipo.gov.cn/wqyz/gwdt/201409/t20140924_1014202.html.
❷ 黎智昌. 新加坡迈向知识产权枢纽的进展 [N]. 叶琦保译,联合早报,2016 – 08 – 22.
❸ 李宁. 新加坡推出知识产权融资计划 [N]. 人民日报,2014 – 04 – 10 (21).

第三节　中国大陆对于专利价值的研究

一、专利价格计算研究

学界基于传统的评估方法提出了改进后的各种评估方法，但由于在实践中的应用太过于复杂，没有能替代传统的评估方法。于东(2005)[1] 研究了基于经济增长模型下的企业知识产权价值评估，从知识产权在经济发展中的作用出发，结合常用的 DCF 法，将知识产权评估同企业收益结合起来构建一种新的知识产权评估方法。采用著名的索洛型生产函数经济增长模型，构建知识产权评估模型，用经济增长模型研究经济增长中各生产要素作用的方法分析知识产权价值。陈晓春(2006)结合现有对专利价值评估的各种研究，设计"现期收益率"和"收益成长能力系数"指标（如图 2 - 4 所示），给出定性分析、定量计算方法，用来评价企业专利技术在短期和中长期实现经济收益的能力，既客观反映了其当前价值，又注重考量收益的持续性和发展性。[2]

孙玉艳[3]等(2010)针对专利评估结果的不确定性，提出应用市场法、成本法、收益法和修正收益法进行线性组合和非线性组合预测，得到加权算数平均值组合预测和加权调和平均组合预测两种模型，使专利评估结果更接近真实值，为专利价值评估提供了一种新思路。组合预测的主要目的就是较大限度地综合利用各种方法所

---

[1] 于东. 基于经济增长模型下的企业知识产权价值评估 [J]. 科技管理研究, 2005 (2): 130 - 132.

[2] 陈晓春. 基于专利技术成本收益分析的企业专利战略选择研究 [D]. 东华大学, 2006.

[3] 孙玉艳. 基于组合预测模型的专利价值评估研究 [J]. 情报探索, 2010 (6): 73 - 76.

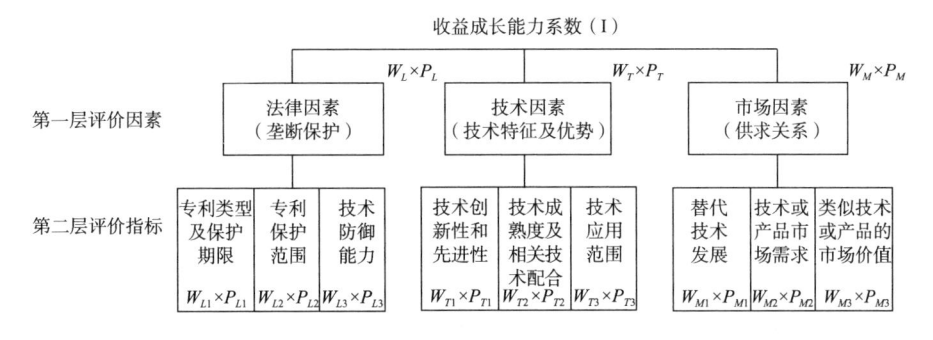

图 2-4 收益成长能力系数

提供的信息，尽可能地提高预测精度。它能有效地减少单个模型预测过程中一些环境因素的影响。组合预测的关键是如何适当地确定各个单一预测模型的权重，通常都是把预测精度作为衡量某一组合预测模型优劣的指标。

程文婷[1]（2011）认为作为一种产权，专利就应该具有可计量价值，这种特点使得专利可以被交易并充分地参与经济生活。这种可以用货币量化的专利是企业专利资产的具体形态之一，也是构成专利资产的重要内容。由于专利资产价值评估是企业资产评估的重要组成部分，而且已经在会计核算的实践中形成了明确的核算规则。通过对专利资产价值的评估的方法来探讨专利的价值，是企业正确考量专利对企业整体贡献的前提。

二、专利价值评估研究

中国大陆学者主要用发明专利比例、专利授权率、专利维持率、境外获取专利数量等比较简单、宏观的指标评价专利价值。例如，谢炜（2005）在研究我国专利产出时，构建了我国专利价值指标体系，包括发明专利比例、专利授权率、专利维持率以及向国外

---

[1] 程文婷. 专利资产的价值评估 [J]. 电子知识产权，2011（8）：74.

及港澳台申请专利数四个指标。Chiu 从技术特征、成本、产品市场和技术市场等四个维度，利用 AHP 分析方法构建了一个专利资产评估模型[1]。赖院根等（2007）认为专利法律状态信息在衡量技术差距、研发实力和专利价值等多方面都能给专利申请信息分析予以很好的补充。他们认为专利授权率、专利寿命和失效专利比例能反映专利价值，而且还选择 DSP（数字信号处理器）技术领域展开了实证分析。秦海菁（2004）认为，居民获得国外专利数量主要反映发明与专利的价值。他认为拿出去申请专利的发明创造通常处于国际领先水平，专利价值比较高。也有学者试图开发新的指标来克服我国无引证数据的缺陷，如刘玉琴等（2007）基于文本挖掘技术引入技术新颖度度量函数考察专利技术价值，并对我国光通信技术领域的专利价值进行了实证研究。万小丽（2014）认为深度剖析专利质量指标中"被引次数"的原理、效力、缺陷和修正方法，有利于研究者和使用者更恰当地予以应用。该指标虽然已被广泛应用，但仍然面临时间截面、引证膨胀、技术领域差异、被引质量等问题，现有的修正方法在一定程度上可以起到缓解作用，但还有较大的改进空间。[2]

三、专利价值分析指标体系

为有效解决专利在运用和管理过程中评价难的问题，2012 年 10 月，中国技术交易所受国家知识产权局的委托，推出了一套专利价值分析指标体系，以期通过指标体系来规范专利价值分析。这套指标体系由法律价值度、技术价值度、经济价值度 3 个维度构成，在 3 个维度之下，又分别设置了若干支撑指标。建立这套专利价值分

---

[1] Chiu Y, Yu Wenchen. Using AHP in patent valuation [J]. Mathematical and Computer Modelling, 2007, 46 (7-8): 1054-1062.

[2] 万小丽. 专利质量指标中"被引次数"的深度剖析 [J]. 情报科学, 2014 (1): 68-73.

析指标体系遵循了全面性、系统性、可操作性、时效性、独立性、层次性、定性定量相结合、模块化、可扩展性 9 个原则，并划分为两层指标：从专利自身属性的角度，分为法律、技术和经济三个指标（如图 2-5 所示），计算公式为：PVD = α^* LVD + β^* TVD + γ^* MVD，其中，$\alpha + \beta + \gamma = 100\%$。从专利功能的角度，将第一层的三项指标分解为 18 项支撑指标。这些指标综合了静态评价与动态评估，既体现稳定的要素，也包括变动的要素。❶

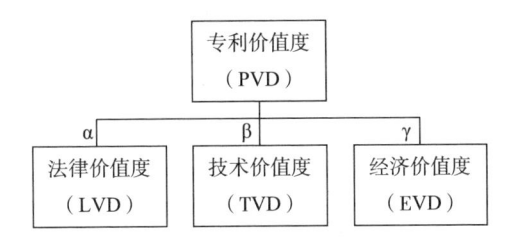

图 2-5　专利价值度（PVD）的三维度划分

专利价值分析得出的结果是专利价值度，不是具体价格，它以专利的权利（法律）风险、技术成熟度以及潜在市场规模三方面进行分析，重点对面临实施的专利进行系统化分析，使投资人可以根据专利价值分析报告做出合理判断和决策，专利权人也可据此对将用于出资、转让、许可的专利。

作为项目的重要成果之一，中国技术交易所还专门编制了《专利价值分析体系操作手册》，为项目负责人、专家、流程审查组开展专利价值分析时提供全面的指导和帮助。"专利价值分析指标体系"是目前中国大陆的主流专利价值分析指标体系，它有一套能够反映所评价专利价值的总体特征，并且具有内在联系、起互补作用的指标群体，是专利交易中的内在价值的客观反映，为各企业制定

---

❶ 徐向阳，滕波. 专利价值分析体系的全方位解析 [J]. 中国知识产权，2012（8）.

自身的专利价值评估体系提供了评估标准。[1]

第四节 中国台湾地区对于专利价值的研究

对于专利价值指标的研究,我国台湾地区的学者较早引进了国外研究成果。Chen(2007)[2]认为过去对优质专利的评估大多仅根据被引次数的多寡来决定,但因被引次数容易受到年代因素影响——年代愈久的专利被引用概率愈高(即容易累积被引次数),因此他们特别予以改良,以优质专利指数(Essential Patent Index,EPI)取代被引次数多寡,主要用于评价某一具体产业中企业拥有优质专利的程度。计算方式是将某产业所有授权专利划分成几个年代区段,将各年代区段的被引次数排名前25%的专利作为优质专利,然后计算某企业拥有的优质专利数占其专利总数的比例,最后将该比例除以25%予以标准化。优质专利指数在一定程度上消减了被引次数的时间截面问题,具有一定的进步性。[3]

一、专利价值评估方法与模型

值得借鉴学习的是中国台湾工业技术研究院(简称台湾工研院)[4]的专利价值评估方法与模型。台湾工研院是一家致力于科技创新活动的非营利性的应用技术公共研究机构。台湾工研院通过技

---

[1] 徐向阳,滕波. 专利价值分析体系的全方位解析[J]. 中国知识产权,2012(8).
[2] Chen Darzen, Lin Wen-Yau Cathy, HuangMu-Hsuan. Using essential patent index and essentialtechnological strength to evaluate industrial technological innovation competitiveness[J]. Scientometrics, 2007, 71(1): 101–116.
[3] 万小丽. 专利质量指标研究[D]. 华中科技大学,2009.
[4] 洪懿妍. 创新引擎工研院:台湾产业成功的推手[M]. 台湾:天下杂志股份有限公司,2003.

术转移、技术辅导并提供相关服务等方式，将研究成果以市场化的方式扩散到产业界，为台湾地高技术产业做出了十分突出的贡献。台湾工研院明确指定其专利策略，并以积极授权厂商为原则，专利在申请前必须先经过评审程序。评审会由各研究所自行成立运作，技转中心提供"评审表"做为参考工具。评审时除考量"台湾专利法"及其实施细则等，以及最佳的保护状态外，还将运用的可能性列入考量因素之一。经过评审会提出的专利申请案，由技转中心协助专利分析与专利检索，经过这些程序以后才进行专利的申请程序。

二、专属授权与非专属授权

台湾工研院智慧财产的运用以授权为原则。除依纲要规定办理者外，必须事先经权责主管同意。台湾工研院智慧财产的授权以非专属为原则，专属授权应事先经权责主管同意。获证 5 年以上的专利大约 30% 可以授权出去，情况依照各研究领域不同而有差异。比较热门的研究所大约 40% 的专利可以获得授权。台湾工研院标售专利前，一定会先公告，若属于普遍性的专利，会先办理"非专属授权"；以较低金额取得非专属授权的厂商，因为已取得合法授权，日后也不必担心会被竞标取得"专属授权"厂商的控告。依据专属授权办法，虽然专利所有权人仍是台湾工研院，但取得专属授权的厂商，享有可再授权（或与其他厂商交互授权），以及可据此控告侵权同业的权益。❶

三、专利授权价金的计算

台湾工研院明确规定专利授权时技术价值与专利价值分开计

---

❶ 台湾工研院 3 亿专利授权 友达、奇美受利 [EB/OL]. 来源：中国教育装备采购网，发布时间：2005 - 09 - 30，网址：http://www.caigou.com.cn/news/2005093026.shtml.

算。目前，各笔授权金额由各研究所自行决定，参考市场价值、经验法则、技术层次、授权内容、技术移转契约等，与厂商直接谈判协商而决定。技术移转中心协助授权合同的签订与法律的咨询。台湾工研院内部管理人员提到，因为工研院的历史背景，以往一直定位在协助厂商技术发展，因此，技术授权以技术移转的工作为主，专利授权的概念直到最近才越来越受重视。国外的情况是以专利授权为主要谈判事项，技术移转次之；而台湾工研院的情况相反，技术移转是主要项目，专利授权的行为往往只是伴随技术移转而产生。作为台湾工研院技术衍生价值策略的推手，技术转移中心以独特的机制运作，致力于专利质量的提升、智慧财产权发展与商业化的推动、智慧财产运用模式的创新及智慧财产交易平台的搭建。❶

四、专利侵权的价金计算

台湾工研院技术转移中心成立法务部门，统筹台湾工研院专利授权金的收取事宜。目前对台湾工研院的侵权行为大都透过授权客户的举发，在发现专利侵权行为之后，台湾工研院主要以合作为原则，不主张通过法律途径索取大笔侵权赔偿金。基本上仍然由各研究所就侵权部分与当事人进行协商，以达成授权的目的。侵权价金的计算仍然通过协商，由各研究所主导，技术转移中心提供法务协助。目前，侵权案件大约每年1—2件，部分是由离职员工所引起的。

五、专利价值的分类管理

技术转移中心将台湾工研院的专利资产依其可利用性粗分为A、

---

❶ 李晓菲，刘真真. 台湾工业技术研究院利器解析：技术该如何对接产业［EB/OL］. 来源：支点，发布时间：2014-02-10，网址：http://www.ipivot.cn/Institute/compare/2290.aspx?page=1.

B、C 三类。A 类属于很有用的专利,可以作进一步技术开发,或是积极寻找授权对象。列属 B 类的是属于防御性质的专利,授权几率比较低,但是可以保护目前正在发展的技术。列属 C 类的专利是过时的技术,发展性不高而且授权机会很小。例如点矩阵打印机的读写技术。C 类的专利可以列在建议停止维护的名单。

如前所示,台湾工研院的评估目的与思路值得借鉴,比如对于每一件打算进行申请专利保护的技术,需要做一次申请前的评估,因为专利申请和维护均会产生费用支出,尤其是在申请量较大的情况下该费用不小。另外,针对评估的专利大体分为 A、B、C 三个类别,以便能够直观而迅速地进行判断。

第五节　国内外专利价值的市场实践

在知识经济时代,专利是经济发展必不可少的宝贵资源,同时也是核心竞争力的重要因素。"在商战日益激烈的今天,知识产权正在由被忽视的法律工具,变为商业竞争的策略。公司再也不能忽视商业竞争中不断增强的专利权力量了。以前公司的 CEO 们害怕竞争者在市场上战胜他们,或者比他们生产更多的产品,现在他们也许应该更担心竞争者获得某些技术的排他性专利权,甚至拥有可以独占新商业领域的能力。"[1] 专利价值分析是专利运营和管理的核心环节,专利价值实践是专利价值分析的最终目标。专利价值的实现具有多样性,例如许可转让、专利诉讼、专利标准化、专利证券化、专利质押融资等,都发挥着专利不同属性的价值,以下将以案例形

---

[1] 凯文·G. 里韦特,戴维·克兰. 尘封的商业宝藏——启用商战新的秘密武器:专利权[M]. 中信出版社,2002.

式说明专利的不同价值实践。

一、北电网络专利高价出售案例

现今专利已经成为科技公司在市场竞争中阻击对方的最大武器。各大科技公司都或多或少地卷入过专利战争，不论是Google vs Oracle，还是华为vs三星，都是近年来很著名的大战。[1] 其中，最著名的一次专利收购大战当属45亿美元的北电专利收购案。北电网络（Nortel Network）曾为加拿大著名电信设备供应商，2001年遭受互联网泡沫的冲击，股票暴跌，再加上财务丑闻，很快就从顶尖电信设备商的行列中退出。2009年，北电网络同时在美国和加拿大申请破产保护。[2] 在公司破产之后，主管北电网络专利授权业务的John Veschi随即着手对北电网络拥有的8500多件专利进行分析，最后确认将6000件专利进行公开拍卖。在拍卖前，其已出售的无线网络业务总共加在一起才卖了32亿美元，而6000件专利最终以45亿美元成交，足以证明专利武器的重要性。

这次标售的专利是其仅余的最后一批重要资产，涵盖无线通信及第四代行动通信系统、光纤与数据网络、语音、互联网、社群网络、半导体等领域的技术，其中尤以无线宽带及LTE技术标准专利受到重视。2011年7月，苹果（Apple）、微软（Microsoft）、黑莓（RIM）、易安信（EMC）、爱立信（Ericsson）、索尼（Sony）6家公司组团形成了一个联盟Rockstar，打败谷歌（Google）和英特尔（Intel）组成的联盟Ranger，花费45亿美元购买北电网络的6000件互联网及芯片领域相关专利，每件专利平均价格为75万美元震惊了

---

[1] 北电遗产：一家专利公司的诞生［EB/OL］.来源：OFweek电子工程网，发布时间：2012-05-23，网址：http://ee.ofweek.com/2012-05/ART-8130-2800-28613788.html.

[2] 北电网络介绍及百年历史［EB/OL］.来源：和讯科技，发布时间：2009-01-15，网址：http://tech.hexun.com/2009-01-15/113448616.html.

业界，也引发了随后的多个大额专利交易。参与交易的爱立信公司首席知识产权执行官卡西姆·阿尔法拉伊（Kasim Alfalahi）宣称，北电网络的专利包代表了其过去 100 多年的研发工作成果，尤其包括电信行业的一些必要核心专利。❶

北电网络的 6000 件专利其账面价值可能低于 2 亿美元，但最终却以 45 亿美元的收购价完美收官是市场通信巨头们竞争之后产生的结果。6000 件专利等于 45 亿美元，让我们明白一个道理：专利在信息时代商业竞争中的价值和重要性是越来越被大众所明晰，"专利武器库"的建立受到越来越多公司的重视。掌握了专利技术就代表着掌握了信息时代的商业先机，拍卖这种模式很好地通过信息公开让市场发现价格，也在很大程度上弥补了无形资产评估的不准确性（据剖析，本次拍卖的专利账面价值 2 亿美元左右，专家估价 10 亿美元左右，而实际成交价为 45 亿美元），是未来知识产权交易的利器。❷

国内知识产权发展虽然起步晚，但随着知识产权环境的逐渐改善，专利体现的价值也越来越明显。不论是华为、中兴的海外诉讼大战，还是美的、奥克斯的专利之争，知识产权拍卖正在慢慢成为知识产权交易的一种重要手段，不断促进闲置资产的流动，促进科技成果落地实现产业化。通过拍卖竞价可以发现专利真实价格，避免交易的主观随意性，更直接地反映市场需求，最大限度地实现专利最大价值。同时，成交底价往往低于单独协商谈判成交的价格。❸

---

❶ 宋海宁. 近年全球专利交易的统计和趋势分析［EB/OL］. 来源：国家知识产权局，发布时间：2015 - 07 - 23，网址：http：//www. sipo. gov. cn/zlssbgs/zlyj/201507/t20150723_1148810. html.

❷ 罗明雄. 6000 件专利 = 45 亿美元：北电专利拍卖解析［J］. 中国发明与专利，2011（9）：106 - 108.

❸ 专利拍卖常见问题［EB/OL］. 来源：中国技术交易所，发布时间：2011 - 10 - 27，网址：http：//www. jinmajia. com/article/mtbd/c_tech/qst/201110/20111000015276. shtml.

二、周延鹏知识产权营销理论

自21世纪以来，中国台湾地区在美国获得的专利数量一直排在三四名，足以见得其研发成果和科技实力。尤其是2009年中国台湾地区在德国纽伦堡国际发明展豪夺26金、26银、15铜及团体总冠军，在瑞士日内瓦国际发明展勇夺21金、9银、4铜，在英国国际发明展囊括9金、13银，在韩国首尔国际发明展轻取15金、15银、5铜，这些奖项表明中国台湾地区具有国际一流的科技水平。❶纵观中国台湾地区知识产权营销市场，企业仍需支付大量的境外许可费和侵权损失费，而产学研合作技术所收取的许可费占支付境外许可费和侵权损失费总额的2%左右。这种专利技术实力与产业现实环境存在严重的不对等现象，当地大部分企业仍受限于技术和市场的不自主，致使产业链中下端企业无法从知识产权中获取高额收入。

针对这种知识产权无法实现其价值合理化的现状，作为富士康前法务长智慧财产战神周延鹏，利用其自身丰富的企业知识产权运营与货币化、跨国（地区）企业运营与法律事务等经验，通过援引境内外重大的知识产权案例，系统地建立了一套知识产权营销与商业模式的理论基础和实务操作，从营销学的角度实践专利奖牌数与产业现实环境的对等交互，让知识产权在知识经济的世界大发利市，使得知识产权再也不是一张挂在墙上的证书。通过深入了解知识产权营销的概念、要素、执行、触媒平台、商业模式等，积极改变知识产权的传统思维和经营模式，结合传统运营模式从产业链及供应链的环节规划，执行多元化知识产权商业模式，实现专利价值最大化。基于此，唯有构建具有一定规模的知识产权交易市场及交换机制，才能诱发持续创新，并衍生出更优质且更细致的知识产权

---

❶ 周延鹏. 知识产权——全球营销获利圣经［M］. 知识产权出版社，2015.

商业模式（如图 2-6 所示）。

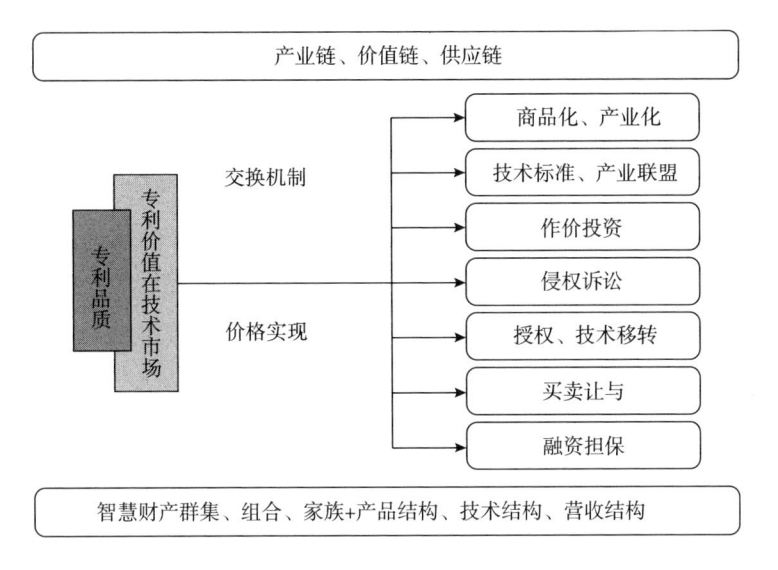

图 2-6 专利品质、价值与价格的关系

2015 年被称为中国知识产权运营元年，广大创新型企业对运用知识产权创造价值空前重视，知识产权运营也发挥着越来越重要的作用。国家知识产权局同财政部以市场化方式开展知识产权运营服务试点，初步形成了"1+2+20+n"的知识产权运营服务体系。2015 年，周延鹏先生借由《知识产权——全球营销获利圣经》一书来实践知识产权营销与商业模式，从营销学的角度像经营有形资产般来经营无形资产。❶ 继《知识产权——全球营销获利圣经》之后，周延鹏先生又携新作《智富密码——知识产权运赢及货币化》❷，向世人传达如何管理和运营研究成果使得其最终转化为财富。《智富密码——知识产权运赢及货币化》一书的主要内容包括专利风险管理、专利布局管理、技术标准与专利池等方面，知识产权的货币化理论与实务体系的建构、实践是知识产权运营的"最后一公里"。

---

❶ 周延鹏. 知识产权——全球营销获利圣经［M］. 知识产权出版社，2015.
❷ 周延鹏. 智富密码——知识产权运赢及货币化［M］. 知识产权出版社，2015.

这套比较"fashion"的理论也是想告诉大家只有迫切认识及营造合格的专业知识产权的运营环境、条件、机制与配套项目，才能使"权利人"在国际市场竞争中可以真正"运赢"，而不会陷于不合格、不专业的知识产权困境之中。❶ 上述两本知识产权价值实践的著作，再加上周延鹏先生在专利布局及运营方面多年的经验知识，最后汇聚成为知识产权营销理论。

三、复旦大学抗肿瘤药物专利有偿许可

2016年3月15日，复旦大学与美国HUYA公司在上海达成合作协议，复旦大学生命科学学院教授杨青将具有自主知识产权的用于肿瘤免疫治疗的IDO抑制剂（CN103070868B 一种含NH－1，2，3－三氮唑的IDO抑制剂及其制备方法）有偿许可给美国HUYA公司。美国HUYA公司将采用里程碑付款方式向复旦大学支付累积不超过6500万美金，以获得该药物除中国大陆、中国香港、中国澳门和中国台湾地区以外的全球独家临床开发和市场销售的权利。复旦大学只是进行了该专利的海外授权而已，同时保留了中国区的专利授权。❷

创新药物研发周期长、投资大、失败风险很高，要填补这个缺口，需要两个关键因素：一是能慧眼识别实验室"珍宝"，具有产业化能力的专业机构；二是充裕的资本。❸ IDO抑制剂是生物医药领域这两年最热的研究之一，这个具有新药靶、新机制的药物，可

---

❶ 王婵. 周延鹏新书《智富密码——知识产权运赢及货币化》首发解读知识产权运营[EB/OL]. 来源：新华网浙江频道，发布时间：2015－09－17，网址：http://www.zj.xinhuanet.com/mjsx/2015－09/17/c_1116589797.htm.
❷ 张炯强. 复旦一新药以6500万美元给予美国公司专利授权引热议[N]. 新民晚报，2016－03－20.
❸ 中国新药研发产业链存在巨大缺口[EB/OL]. 来源：每日科技网，发布时间：2016－04－06，网址：http://www.newskj.org/gdsp/2016040654643.html http://www.newskj.org/gdsp/2016040654643.html.

用于治疗肿瘤、阿尔茨海默病、抑郁症、白内障等重大疾病，社会效益、经济效益前景广阔。默沙东、强生等多家国外知名药企都已经加入了 IDO 抑制剂的研发竞争。目前，中国市场上 98% 的药物是仿制药，直到两年前才有了真正意义上的创制新药，就是鲁先平团队研制的西达本胺。美国 New link Genetics 公司与美国 Incyte 公司研发的相关化合物已经进入了临床试验阶段。而杨青带头研发的新型 IDO 抑制剂，已经申请了国内专利和 PCT 国际专利，有望成为第三个进入临床实验研究的 IDO 抑制剂。❶

此次许可交易涉及的专利 CN103070868B 属于药物合成技术领域，具体涉及一种含 NH－1，2，3－三氮唑的 IDO 抑制剂及其制备方法。它以含有乙炔基的抗肿瘤药物厄洛替尼（Erolotinib）为原料，在卤化亚铜催化下与叠氮基三甲基硅烷或对甲苯磺酰叠氮反应后，引入一个 NH－1，2，3－三氮唑基团，合成新型含 NH－1，2，3－三氮唑的 IDO 抑制剂。具体技术合成路线如图 2－7 所示。

值得关注的是，杨青教授 CN103070868B 专利合成的新型含 NH－1，2，3－三氮唑可作为高效 IDO 抑制剂，可望应用于治疗具有 IDO 介导的色氨酸代谢途径的病理学特征的疾病，包括肿瘤性疾病、癌症、阿尔茨海默病、自身免疫性疾病、白内障、心境障碍、抑郁症、焦虑症等。同时该发明方法具有操作简单、条件温和、成本低廉、收率高等优点，具有广阔应用前景，易于工业化生产。❷

近年来，全球每年死于癌症的病人高达 700 万人以上。世界抗肿瘤药物市场正在急速增长之中。国际货币基金组织负责人预测：全球抗癌药市场年增长率将达 15%，大大超过其他药物的增长率。

---

❶ 复旦将抗肿瘤药物专利 4 亿转售美国公司［EB/OL］. 来源：搜狐财经，发布时间：2016－03－16，网址：http://business.sohu.com/20160316/n440617323.shtml.

❷ 杨青，匡春香，龚浩. 一种含 NH－1，2，3－三氮唑的 IDO 抑制剂及其制备方法［P］. CN103070868B，2013.

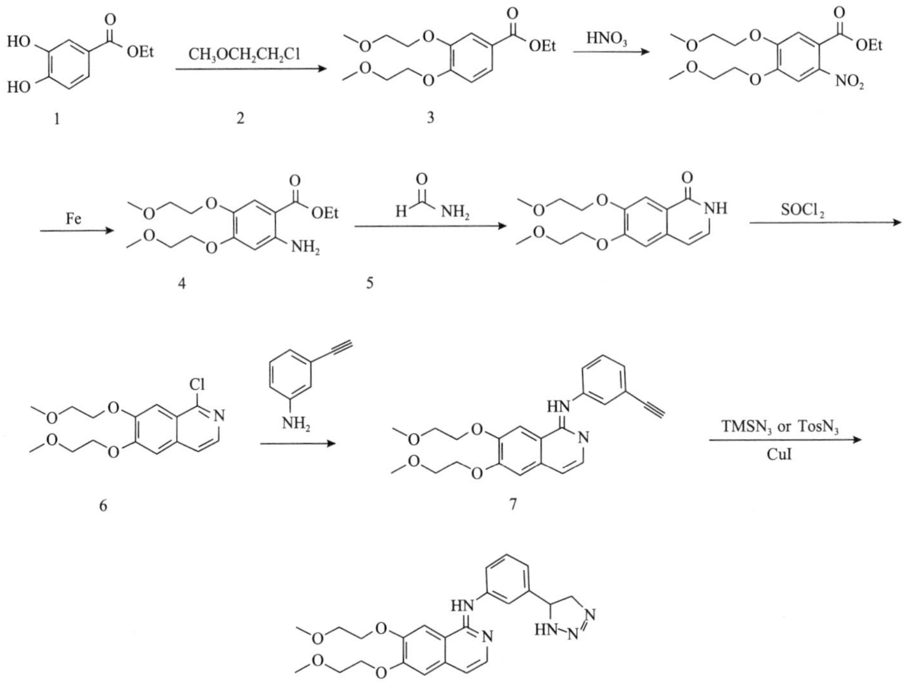

图 2-7　新型含 NH-1,2,3-三氮唑的 IDO 抑制剂合成技术路线

另外,阿尔兹海默病已经成为危及老年人生命的第四大病因,随着世界老龄化加剧,中国人口老龄化极其严重,20 年后阿尔兹海默病患者将由现在的 3500 万人变成 6570 万人。研究 IDO 与肿瘤、阿尔兹海默病等重大疾病的关系对于揭示这些疾病的发病机制有重要价值,IDO 抑制剂作为分子靶向药物具有巨大的市场潜力。❶

事实上,欧美国家在创新药研究领域一直领先我国,国内向国外输出专利的案例并不多。过去,我们的很多科研成果没有资格转让给海外企业,这次复旦大学抗肿瘤药物专利能够将除中国大陆及港澳台地区以外的全球独家临床开发和市场销售权利成功有偿许可转让给美国 HUYA 公司,属于里程碑式的转让方式,非常值得国内

---

❶　6500 万美元!复旦抗癌药专利许可给美国公司 [EB/OL]. 来源:环球网,发布时间:2016-03-07,网址:http://society.huanqiu.com/shrd/2016-03/8720834.html.

学术界和企业界借鉴。从专利价值实践的角度来看，我们国家需要更多的是像复旦大学杨青教授的这类创新成果，而不是大量无人问津的无效专利，或是"扔"在实验室里不能造福人类的自主知识产权成果。❶

四、海尔实施专利标准化成为国际知名品牌

作为企业的核心竞争力，知识产权运营具有重要的意义。基于标准对产品的重要作用，人们总结出这样一句话："一流企业卖标准，二流企业卖产品，三流企业卖苦力。"可见标准在企业专利战略制定中至关重要。在世界经济一体化的国际贸易竞争中，谁能够在标准化工作中处于领先地位，谁就能在国际市场中取得竞争优势。在未来的国际市场竞争中，得标准者得天下。❷ 参与制定国家标准和行业标准代表着企业的技术高度，是产品核心竞争力的最好体现，从某种意义上说，也是企业的"金字招牌"。让自己产品纳入国际电工委员会标准，一直以来是世界制造企业梦寐以求的，尤其在技术壁垒甚为严密的家电市场。谁掌握了标准的制定权，谁的技术成为标准，谁就掌握了市场主动权。

海尔集团成立于 1984 年，在知识产权积累的基础上通过"技术、专利、标准"联动模式，以用户为中心，以技术创新为驱动，以专利为机制，以标准为基础和纽带，致力于打造开放的产业创新生态圈。自 1987 年跨出知识产权战略第一步开始，不断创新，依托于自己的专利技术，不仅见证了 30 多年来居民生活质量的不断提高，也以一代代创新家电产品映衬了 30 多年来中国经济的飞速发展。截至 2016 年，海尔集团拥有 11 项国家科技进步奖、1.6 万余件

---

❶ 姜澎. 杨青的专利为何没转让国内药企 [N]. 文汇报，2016 - 03 - 27 (3).
❷ 李文明，王荣博. 得标准者得天下 [N]. 大众日报，2003 - 11 - 10.

专利、66个国际标准专家席位，积极参与到国际、国内标准的制定过程中去，并在自主知识产权基础上，主导制定122项国家标准和43项国际标准。❶

2004年4月，海尔洗衣机总工程师吕佩师成为第一个进入IEO未来技术高级顾问委员会的发展中国家企业代表，参与国际标准的制定；海尔的防火墙技术是我国第一个自主创新，拥有自主知识产权的国际标准；被誉为"世界上第四种洗衣机"的海尔双动力洗衣机实现了波轮和筒体间的洗涤时反向及甩干时同向的单电机驱动，可同时达到立体洗涤和快速洗净的效果。"一种双向洗涤方法及其洗衣机"还在2005年获得了第九届中国专利金奖。作为核心技术，核心专利的海尔环保双动力技术于2005年成为ICE国际标准；鉴于匀冷保鲜技术的领先性，集团围绕其核心模块提交了近30件发明专利申请，涵盖中高端冰箱产品，保证了市场独占地位，并于2015年发起成立了IEC/SC59M/WG4冰箱保鲜国际标准工作组，并作为召集人将主导制定冰箱保鲜国际标准。❷中国第一个具有知识产权的网络家电标准，拥有自主知识产权的"海尔e家"数字家电产品，通过6项协议标准，提供了一套完整的数字家电解决方案，开创了数字生活新时代，"e家"因此被批准为电子行业推荐性标准等。如前所述，海尔"防电墙"热水器、"双动力"洗衣机等专利技术在国际标准化中的积极表现，不但将推动家电产业向更高层次发展，还标志着中国企业正在努力提升在全球制造产业链中的地位，把

---

❶ 海尔集团打造出具有核心竞争力的专利包［EB/OL］. 来源：海尔集团官网，发布时间：2016 – 11 – 17，网址：http://www.haier.net/cn/about_haier/news/jtxx/201611/t20161117_327402.shtml.

❷ 黄盛. 海尔集团：多元运用专利 打造创新品牌［N］. 中国知识产权报，2016 – 11 – 09（3）.

"中国制造"变为"中国创造"。❶

如今,海尔集团已经逐步形成了适合自己发展的知识产权战略——构建核心专利池,确保行业技术领先地位;构建事实标准及行业标准,实现产业控制力;参与全球规则制定,掌握知识产权国际规则。在这样的战略推动下,海尔集团打造出超前技术专利包——在智能家电产品上,海尔布局了290件专利;在无线电能传输技术上,海尔集团拥有151件专利;在半导体制冷技术上,海尔集团拥有72件专利。这些专利布局,帮助海尔集团主导了智能家电、无线电能传输家电、半导体等相关技术领域国家标准的制定。除此之外,拥有53件发明专利的直线压缩机、163件发明专利的节水洗涤技术、35件发明专利的防震减噪技术等专利包,也保障了海尔产品的市场独占地位。❷

一系列的专利技术标准化战略的实施,是海尔家电能够多年来一直保持强大市场竞争力的主要原因,而且其国际标准化战略也使得"海尔"日益成为国际知名品牌。因此,企业要想生存必须创新,实施知识产权战略,努力形成以专利技术为依托的技术标准,积极参与到国际国内标准的制定中去。只有积极地在技术标准方面争取自己的发言权,把自主创新的技术进行知识产权保护并提升为国家、国际标准,才能创造出真正的国际品牌。❸

---

❶ 海尔知识产权的全球保护与标准化战略[EB/OL]. 来源:国家知识产权局,发布时间:2006-09-26,网址:http://www.sipo.gov.cn/zxft/haierjwjt/bjzl/200804/t20080407_371010.html.

❷ 海尔集团打造出具有核心竞争力的专利包[EB/OL]. 来源:海尔集团官网,发布时间:2016-11-17,网址:http://www.haier.net/cn/about_haier/news/jtxx/201611/t20161117_327402.shtml.

❸ 海尔知识产权的全球保护与标准化战略[EB/OL]. 来源:国家知识产权局,发布时间:2006-09-26,网址:http://www.sipo.gov.cn/zxft/haierjwjt/bjzl/200804/t20080407_371010.html.

五、中国专利奖评审案例

作为我国专利领域的最高奖项，中国专利奖不仅是我国知识产权事业发展水平的重要标志之一，更为激发全社会创业创新热情、催生更多更好的专利成果提供了有力支撑，其评审指标是贯彻落实我国专利事业发展战略的风向标。❶ 自1989年设立至今，已成功举办了18届，共评选出2870件中国专利奖。❷

根据国家知识产权局2010年对前11届中国专利金奖项目的跟踪调查结果显示，中国专利金奖在提升企业市场竞争力、促进专利实施及转化、鼓励研发、提高员工自主创新积极性、提高知识产权保护意识、促进单位知识产权管理建设、吸引优秀人才、提高单位在行业或区域中的地位、获得政府及相关部门扶持等方面均发挥了积极的促进作用。接受调查的获奖主体中，98%的获奖企业对于金奖专利的发明人/设计人都有不同形式的奖励；83%的企业设有专门的专利管理部门；90%的企业会定期或不定期组织专利培训；56%的企业和46.5%的科研单位或其上级主管单位对金奖项目投入了更多的研发经费；12%的企业和20.9%的科研单位或其上级主管单位因此招募了更多的专业人才；获奖后专利产品销售额同比增长18.6%，企业销售额平均增长81.9%。❸

近年来，专利奖的导向作用也恰恰实践了中国技术交易所推出的"专利价值分析指标体系"。专利一头连着创新，一头连着市场，

---

❶ 孙迪. 中国专利奖：引领创新驱动发展 推动强国建设进程［EB/OL］. 来源：国家知识产权局，发布时间：2016 - 10 - 26，网址：http://www.sipo.gov.cn/zscqgz/2016/201610/t20161026_1298012.html.

❷ 中国专利奖历届获奖名单［EB/OL］. 来源：国家知识产权局，网址：http://www.sipo.gov.cn/pub/old/sipo2013/ztzl/zgzlj/ljhjms_zgzlj/index.htm.

❸ 刘珊. 中国专利奖助力创新型国家建设［EB/OL］. 来源：国家知识产权局，发布时间：2011 - 09 - 28，网址：http://www.sipo.gov.cn/ztzl/ndcs/zgzlj/zxdt/201412/t20141209_1043782.html.

是创新和市场之间的桥梁与纽带，对创新和价值链的提升都具有重要意义。"十二五"时期，仅120项专利金奖项目就实现新增销售额6221亿元，新增利润1317亿元，中国专利奖对经济社会发展的贡献度由此可见一斑。❶中国专利奖的评审标准紧贴专利的法律、技术及经济属性，发挥中国专利奖的导向作用，不仅强调专利技术水平和创新高度，也注重在市场转化过程中的运用情况，同时还对保护状况和管理情况提出要求。在评选方法内容上，注重专利的文本质量、技术上的先进性以及其运用的实际效益（包括对社会经济发展做出的贡献及行业发展的引领作用）。参评专利主要涉及专利基本信息、专利质量评价、技术先进性评价、运用及保护措施和成效评价、社会效益及发展前景评价和获奖情况（如表2-1所示）。

表2-1 中国专利奖参评材料撰写内容

专利	内容大纲	具体内容
参评专利	专利基本信息	➢ 专利号 ➢ 专利名称 ➢ 专利权人 ➢ 发明人 ➢ IPC主分类号 ➢ 通信地址/邮编 ➢ 推荐单位/院士 ➢ 联系人（电话/邮箱）
	专利质量评价 （评价"三性"和"文本质量"， 说明参评专利质量的优秀程度）	➢ 新颖性和创造性 ➢ 实用性 ➢ 文本质量
	技术先进性评价	➢ 技术原创性及重要性 ➢ 技术优势 ➢ 技术通用性

---

❶ 孙迪. 中国专利奖：引领创新驱动发展 推动强国建设进程［EB/OL］. 来源：国家知识产权局，发布时间：2016-10-26，网址：http://www.sipo.gov.cn/zscqgz/2016/201610/t20161026_1298012.html.

续表

专利	内容大纲	具体内容
参评专利	运用及保护措施和成效评价	➢ 专利运用 ➢ 专利保护 ➢ 制度建设及条件保障和执行情况
	社会效益及发展前景评价	➢ 社会效益状况 ➢ 行业影响力状况 ➢ 政策适应性
	获奖情况	➢ 科技奖励 ➢ 资助情况 ➢ 相关标准 ……

六、中国技术交易所专利评价指标体系

目前，中国技术交易所推出的"专利价值分析指标体系"是中国专利价值评估的主流体系。为贯彻落实国家知识产权战略，有效解决专利在运用和管理过程中评价难的问题，国家知识产权局于2011年委托中国技术交易所开展"专利价值分析体系及操作手册研究"课题。在国家知识产权局指导下，中国技术交易所引入并融合数十家各类机构的专家智慧后，建立了专利价值分析工作体系。[1]

"专利价值分析指标体系"是一套能够反映所评价专利价值的总体特征，并具有内在联系、起互补作用的指标群体，它是专利在交易中的内在价值的客观反映。一个合理、完善的指标体系，是对专利价值进行评估与分析的先决条件。[2] 许多企业针对自身行业特性及企业特征，进一步完善、改进形成符合企业的专利价值评估体系，从而指导企业专利运营及管理工作。国家电网于2014年组织开

---

[1] 徐向阳，滕波. 专利价值分析体系的全方位解析 [EB/OL]. 来源：新浪产权，发布时间：2012-09-10，网址：http://gov.finance.sina.com.cn/chanquan/2012-09-10/127693.html.

[2] 方彬楠. 世界首个专利价值分析指标体系问世 [N]. 北京商报，2012-08-13 (3).

展了发明专利的价值评价工作，从法律层面、技术层面、应用层面对公司专利价值进行打分，每个维度分别设置若干支撑指标，以提高评价的准确性。此外，为贴合不同类型公司专利工作实际需求，针对科研单位、产业单位、省公司的 3 个价值度评价指标采取了不同的占比。通过发明专利价值评价工作，实现了对国家电网公司既有授权全部发明专利价值的有效评价，为专利分析与布局提供依据，为促进国家电网公司专利的有效运用奠定了基础。❶

此外，南方电网在中国技术交易所专利价值分析指标体系的基础上，针对国内外电力行业及自身情况提出了一套专利价值评价指标体系，包括专利基础维度、法律维度、技术维度以及市场维度 4 个方面，相比中国技术交易所的指标体系而言，南方电网的评价体系专业性更强也更具针对性。南方电网在 2015 年度科技创新评价结果的基础上，对科技创新评价指标体系进行了修编，并印发了《科技创新评价指标体系（2016 年版）》。修订后的指标体系主要在 4 个方面有所变化：一是更强调对科技项目的过程管理；二是强化了对科技成果推广和转化应用的引导；三是基于南网科研院作为公司"中央研究院"的定位，提高其科研平台、自主研发等指标的标准；四是为鼓励各单位共同承担重大科技项目，将不同单位分别承担研发和示范工程建设的项目投入纳入协同研发统计范畴。❷

---

❶ 杨芳，盛兴，张艳. 国家电网公司发明专利价值评价研究 [J]. 华东电力，2014，42（12）：2704 - 2708.
❷ 南方电网发布 2015 年度科技创新评价指标分析报告 [EB/OL]. 来源：中国采购与招标网，发布时间：2016 - 06 - 01，网址：http：//www.chinabidding.com.cn/zbw/dlpd/info_show.jsp？record_id = 87066.

第三章

高价值专利培育的流程体系

高价值专利培育体系是创新主体内部管理机制中的重要体制建设，是规范化管理尤其是知识产权管理的重要环节。高价值专利培育体系运作的前提和保障是：首先，科技研发的高额投入和知识产权经费的保障；其次，需要规范化的管理流程；最后，需要多角色的参与协助。在高价值专利的培育过程中，高精尖技术的创新、高格局专利的筹谋、高质量专利申请文本的撰写以及高成效的专利转化运营一体化构建，需要高层管理团队、创新团队、专利信息利用团队、专利代理团队、专利运营团队、专利管理团队以及市场分析团队之间的紧密合作和共同促进，培育一批"创新水平高、权利状态稳定、市场发展前景好、竞争力强"的高价值专利。[1] 探讨高价值专利培育体系的意义在于，通过体系的构建帮助创新主体形成持续诞生"高价值专利"的保障机制。

第一节　高价值专利培育的参与主体

高价值专利培育体系的参与角色主要包括：管理层、创新小组、市场小组、专利管理小组、专利信息分析利用小组、专利代理小组以及专利运营小组（如图3-1所示）。管理层负责统筹决策，各小组协同参与。我们以"小组"来代表可能存在于创新主体内部的事业部或外部的知识产权服务机构。

一、管理层

管理层由创新主体的部分经营决策管理人员组成，管理层肩负

---

[1] 赵建国. 培育高价值专利：助推产业转型的新探索［N］. 中国知识产权报，2016-06-24（2）.

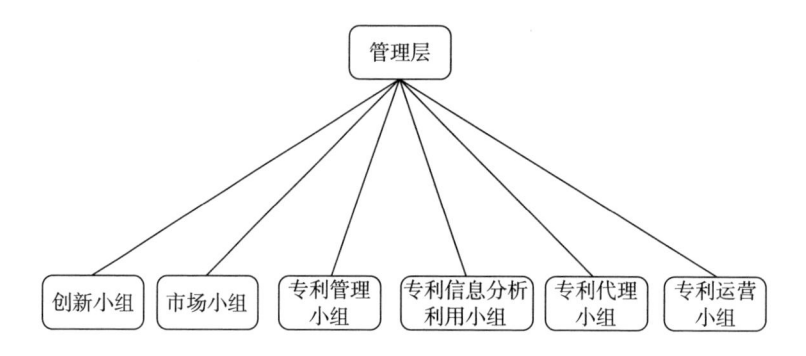

图 3-1　高价值专利项目管理层组成

着对创新主体长期经营战略和知识产权管理的决策职能。管理层在高价值专利培育体系中站位最高，是资源的供给者、多角色参与的统筹协调者和重大决策的制定者，是高价值专利培育体系长期运作的"大脑"和"心脏"。管理层有必要加强未来市场需求的前瞻性专利布局，和基于企业内部、外部全面尽职调查后而做出的企业战略性总体专利布局，探索企业高价值专利产出的有效途径。❶

首先，管理层需要确保为顺利开展高价值专利培育提供资源配置，包括高价值专利培育的战略认识到位、知识产权经费的预算保障、创新主体中其他角色的参与协调等。其次，管理层还要承担对技术研发方向的最终研判，需要在复杂的决策环境下及时发现技术研发方向存在的问题，说明决策目标、决策路径的有效性和合理性。在进行专利布局、专利运营的过程中，管理层应从企业或者高校、科研院所的战略发展层面出发，结合市场发展动态、技术发展趋势，把控专利布局的整体方向以及制定专利运营的整体方案。

---

❶ 陈诺，杨绍功等. 向知识产权要生产力 翘盼知识产权大手笔［EB/OL］. 来源：半月谈网，发布时间：2016-04-26，网址：http://www.banyuetan.org/chcontent/jrt/2016425/192669.shtml.

二、创新小组

创新小组是高价值专利技术培育体系运作中的"龙头"。创新小组同样完全由创新主体内部产生,由研发团队及技术研发负责人组成。根据国家知识产权局 2015 年中国专利调查数据报告显示,88.1% 的企业专利权人选择"自行提出创意进行研发立项,融资投资,产品开发,进行销售"。这说明我国企业仍然倾向于自行完成从发明创造、产品开发到销售的全过程。❶

在高价值专利培育体系的启动中,创新小组负责制定研究开发、技术改造与技术创新计划,配合专利信息分析利用小组,对知识产权信息、法律状态进行分析,适时调整研发计划和项目内容从而规避风险;同时在技术研发过程中创新小组需配合专利信息分析利用小组及时对开发成果进行评估、确认,采取相应的保护措施,适时开展适当的专利布局。在知识产权获取、维护、运用以及保护过程中,创新小组需要协同其他小组,从技术研发角度提供相关信息,以便对知识产权获取、维护、运营以及保护环节进行有效管理。

三、市场小组

市场小组由创新主体内部市场部门和产业发展的相关人员组成,也可以考虑外部战略顾问的加入,例如营销人员对市场的了解较为充分,能够准确感知市场需求,采购人员对单位所需的相关物资市场情况较为了解,能够及时发现采购过程的替代方案,此外还包括推动标准制定的人员、创新主体的预研团队等。高价值专利培育体系从项目的选题立项、专利的挖掘布局到后期的专

---

❶ 国家知识产权局规划发展司. 2015 年中国专利调查数据报告 [R]. 来源:国家知识产权局,发布时间:2016 – 06,网址: http://www.sipo.gov.cn/tjxx/yjcg/201607/t20160701_1277842.html.

利运营,都需要对市场信息的全面了解,对市场发展整体态势进行分析。

市场小组是高价值专利培育体系中的重要决策制定参与者,是确保高价值专利有广泛市场应用的体系单元。在市场上,只要是有价值的东西,一个获益渠道堵住了,就会立即产生新的渠道。[1] 在实施知识产权战略和供给侧结构性改革的当今中国,知识产权无形资产和金融资本市场融合的步伐已经迈开。从某种意义上而言,资本市场已成为知识产权的变现新渠道。

四、专利管理小组

专利管理小组是高价值专利培育体系中的"内部管理员",是配合管理层实施和运维体系的重要枢纽,由创新主体内部的知识产权管理人员组成。高价值专利组合收益的最大化,取决于技术水平和对市场趋势的扎实理解。这二者都从一个问题开始:公司最有价值的专利是什么?这是知识产权管理者每天都要考虑的问题,也是要最大化知识产权投资需要首先解决的问题。[2]

专利管理小组的工作职责主要包括如下内容:项目费用的整体预算、项目周期和节点的把控、对资源配备方面的需求进行整理和管控、对质量的管控、对风险因素的把控、对管理层的汇报等。同时,根据项目周期组织各个小组制订工作计划,专利管理小组根据工作计划进行项目进度的推进;在专利获取、维护、运用和保护的过程中,专利小组具体负责相关材料的收集,相关事务的各方联系,确保各个工作小组之间能够顺畅交流。

---

[1] 刘远举. 资本市场是知识产权的变现新渠道 [N]. 南方都市报,2017 – 03 – 15 (15).

[2] Terry Ludlow. 美国 IP 管理大牛告诉你,如何打造高价值的专利组合 [EB/OL]. 来源:知产力,发布时间:2016 – 05 – 05,网址:http://www.zhichanli.com/article/31011.

五、专利信息分析利用小组

专利信息分析利用小组是高价值专利培育体系中重要的服务支撑。小组成员由遴选出的服务机构人员或者创新主体内部的专利信息专家组成。目前，对大部分创新主体而言，由于不具备内部专利信息专家这样的能力和基础条件支持，往往更侧重通过与服务机构的合作来建立这个环节。

专利信息分析利用小组的主要责任是：在选题立项之初，对创新小组的初步选题进行专利检索分析，包括数量趋势分析、时间分布分析、区域分析、技术领域分析、竞争对手分析、技术人才分析、申请类型分析、专利地图、引证分析和技术关系分析，厘清本单位在该技术领域的优势和劣势，从专利技术的角度预测产业技术的发展趋势，为合理规避知识产权法律风险提供科学依据，对技术研发的可行性从专利技术的角度进行初判。在项目立项过程中，通过对实现某技术效果所对应的技术分类作进一步了解，找出技术空白点，确定核心技术和关键技术研发策略和路径。在专利布局过程中，围绕产业技术链或者产品链分解关键技术点，根据技术分解树或者产品分解树，利用检索工作确定发明点，确立核心技术和关键产品研发策略和路径；对现有技术或者产品中仍具有新颖性和创造性的发明点立即补充申请，对不具有新颖性的关键提案点，进行可能的改进和替代方案，同时对相关改进的技术方案尽早进行申请，根据技术方案的重要性和公司的经营发展战略确定专利的申请国别和布局范围。此外，通过专利信息的监控工作，及时规避风险和调整知识产权的战略方向。

六、专利代理小组

专利代理小组是高价值专利培育体系的重要组成单元，也是权利获取、权利布局和未来权利实施的基础工作支撑。专利代理小组的成员同样可以由服务机构的人员构成，或者创新主体的内部知识产权人员组成，也可能是创新主体内部和服务机构的人员混合而成。很多企业虽然申请并取得了大量的专利，但是高价值基本专利却很少，原因之一在于专利的申请策略存在问题。为了取得在专利侵权纠纷中可被酌定为高额损害赔偿的"高价值专利"，研究专利的申请战略、预算战略，以及具体的申请程序和方法，有效地将技术人员构思的未来技术概念权利化，从而产生高价值专利具有重要的意义。[1]

一般而言，大型企业构建内部的知识产权专业团队已成为发展趋势，对于华为公司、中石化集团公司这类已经自发运用高价值专利培育体系的创新主体来说，高价值专利的撰写往往出自内部知识产权人员之手。从高价值技术转化为高价值专利，需要对专利申请的种类、时机等进行全面地分析与掌控，专利申请文本撰写质量的保障更是至关重要。专利代理小组通过与创新小组技术研发人员的沟通，确定合适的专利申请撰写方案，设定合理的专利保护范围；在专利申请过程中，积极与国家专利行政部门进行沟通，配合进行审查答复。

七、专利实施运营小组

专利实施运营小组是高价值专利培育体系中的"价值实现"环节。该小组的人员组成，可以由创新主体的内部人员，例如技术转移办公室的相关同志负责，或者是交由第三方专业的专利交易中介服务机构进行操作，也可以是创新主体内部人员与外部服务机构的人员混合组成。

专利运营是综合运用专利制度赢取市场竞争的有效手段，是促进技术转移转化的重要途径，也是对专利权资源综合运用的商业活

---

[1] 龙华明裕，侯艳姝. 高价值基本专利的申请策略［J］. 知识产权，2008（3）：90–97.

动。当前，专利运营在我国的概念表述主要寄托在以下几层含义：一是专利的自我技术实施，即在自身范围内实现创新成果产业化；二是专利技术转移交易，包括专利权的整体转让或者不同形式的许可；三是专利权的投资（包括入股）及其上市运作；四是专利权的融资（包括质押融资）及其资本经营运作；五是专利权及专利技术的非专利实施主体（NPE）等职业化和专业化运作；六是以专利或者知识产权类专门基金（包括专利运营基金）等方式控制、操纵相关专利交易、专利诉讼的运作；七是综合运用诉讼手段及其配套措施的专利诉讼运作等。❶

从成员构成来看，专利运营小组主要由具备法律、技术、市场、财务等专业能力的人员组成，专利运营小组负责专利运营各项工作的审查、谈价、判价、批准实施和监督，以及专利运营相关知识的宣传和培训。同时，专利运营小组需要进行专利运营信息的收集、管理和预警，与创新小组、市场小组等相关部门进行及时沟通与交流，适时调整和完善专利运营策略。

高价值专利培育体系是一个遵循 PDCA 循环的管理体系。PDCA 循环又叫质量循环，是管理学中的一个通用模型，最早由休哈特于 1930 年构想，后来被美国质量管理专家戴明博士在 1950 年再度挖掘出来，并加以广泛宣传和运用于持续改善产品质量的过程。PDCA 代表的是英语单词 Plan（计划）、Do（执行）、Check（检查）和 Action（纠正）的首字母，PDCA 循环就是按照这样的顺序进行质量管理，并且循环不止地进行下去的科学程序。具体内容如下。

P（Plan）计划，包括方针和目标的确定以及活动规划的制定。D（Do）执行，根据已知的信息，设计具体的方法、方案和计划布

---

❶ 孙迪，崔静思，王康. 专利运营的"前世今生"［N］. 中国知识产权报，2016 - 11 - 23（3）.

局；再根据设计和布局，进行具体运作，实现计划中的内容。C（Check）检查，总结执行计划的结果，分清哪些对了、哪些错了，明确效果，找出问题。A（Action）纠正，对总结检查的结果进行处理，对成功经验加以肯定，并予以标准化；对于失败的教训也要总结，引起重视。没有解决的问题，应提交到下一个 PDCA 循环中去解决。以上四步不是运行完就结束，而是周而复始地进行，一次循环完了，解决一部分问题，未解决的问题进入下一次循环，这样阶梯式上升的（见图 3-2）。❶

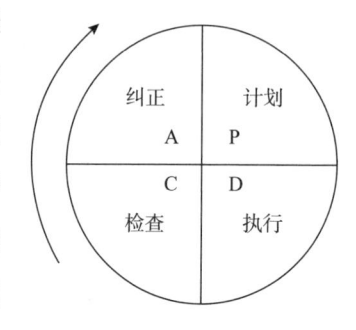

图 3-2　PDCA 循环的管理体系

全面质量管理活动的全部过程，就是质量计划的制订和组织实现的过程，这个过程就是按照 PDCA 循环，不停顿地周而复始地运转的。PDCA 循环不仅可以在质量管理体系中运用，也适用于一切循序渐进的管理工作，建立动态化、流程化以及长效化的高价值专利培育体系，构建一套可复制、可推广的高价值专利培育流程。具体而言，针对高价值专利的培育效果以及技术发展的各个阶段适时优化，进行动态管理；对高价值专利培育过程的每一个环节实施控制，进行流程化管理；此外，通过高价值专利培育过程的规范化确保培育工作的长期效果，进行长效管理。依照 PDCA 循环理论构建高价值专利培育系统，将选题立项、研发阶段、专利布局、专利申请、运营实施等功能模块融入模型中，使得管理体系更加科学有效，高价值专利培育流程如图 3-3 所示。

---

❶　马仁杰, 王荣科, 左雪梅. 管理学原理 [M]. 人民邮电出版社, 2013.

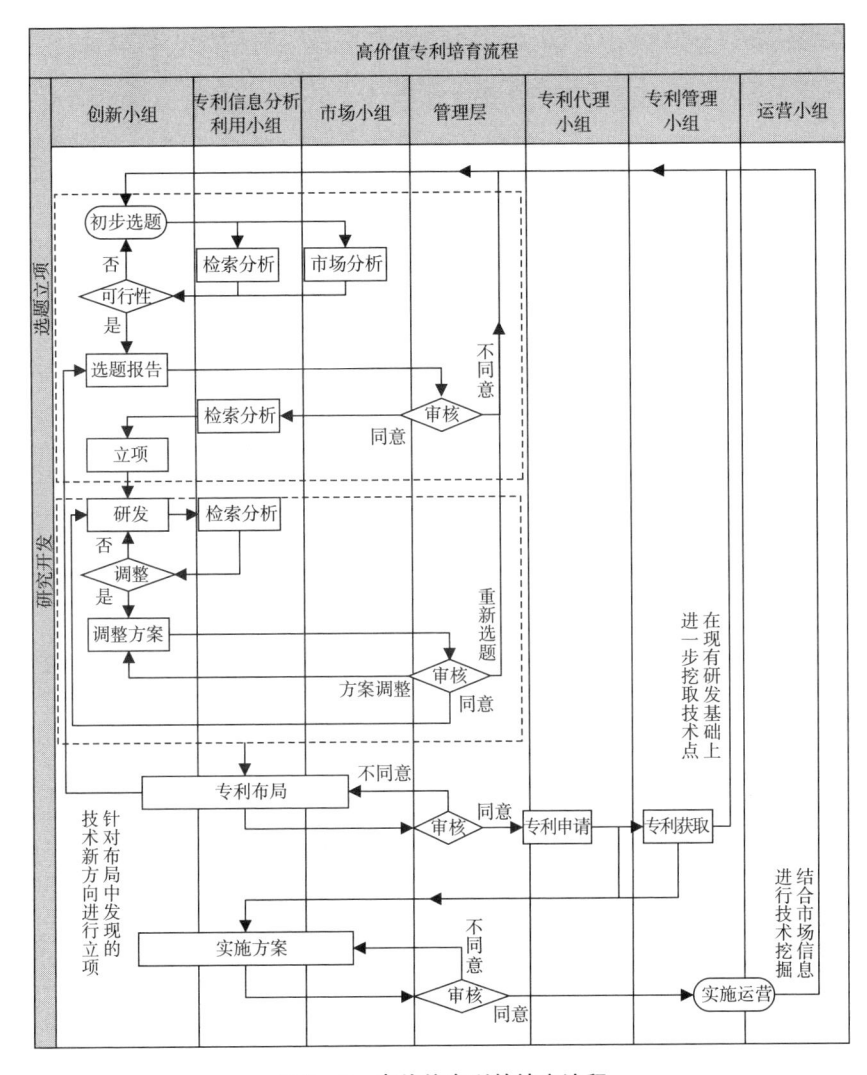

图 3-3　高价值专利的培育流程

第二节　高价值专利培育的基本流程

一、选题立项

"高价值专利"从孕育之初，首要考虑的是技术创新性和未来

69

的应用市场规模大小。因此，自高价值专利培育伊始，创新小组在进行选题立项的过程中，需要进行技术、市场信息的收集和评审，结合技术创新性和市场应用潜力的研究判断，确定高价值专利培育的方向和起点。

在选题立项环节，专利信息分析利用小组需要对创新小组的初步选题所涉及的知识产权信息进行分析（见图3-4），形成《专利技术可行性报告》。具体从两个方面予以展开：一是专利现状的宏观分析；二是深度的技术分析。从全球专利、中国专利、中国本土申请人专利以及企业或者研究院所自身所拥有的专利等角度，对相关技术领域进行宏观的专利分析，从而获知其专利概况、竞争趋势、技术分布情况以及现有的研发团队。在深入的技术分析模块，主要包括技术分析、关键竞争对手分析、核心专利分析以及专利风险分析等方面。通过专利生命周期分析、技术路线研究、公知技术分析等方法对重点技术进行分析，从而了解重点技术领域的进一步研发空间；通过构建重点技术领域的技术功效图以及关键竞争对手

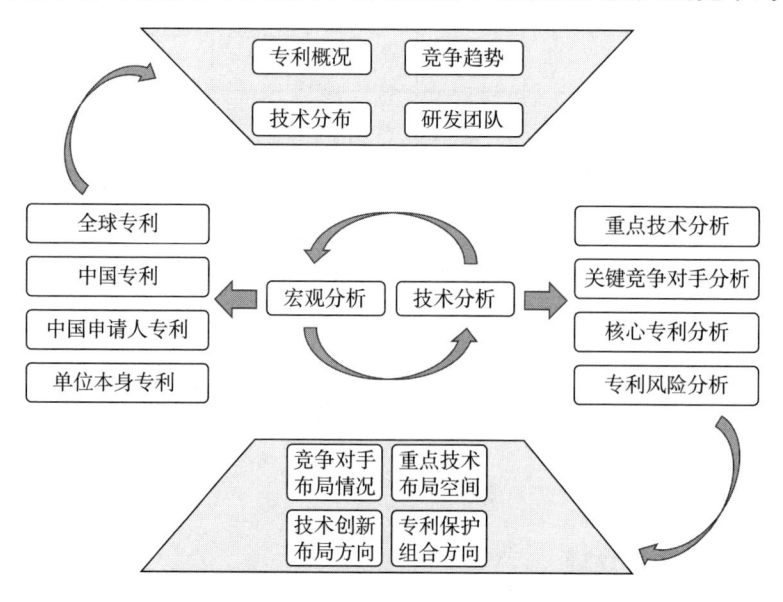

图3-4 专利信息分析内容

的技术功效图，了解技术研发的热点、空白点等。

在对选题进行可行性分析时，除对知识产权信息检索分析外，市场信息的收集与分析同样必不可少。决定专利实施效果的主要因素就是市场环境本身，市场小组应在立项环节形成《××技术领域市场分析报告》。只有创新小组将市场小组的市场调研分析与专利信息分析利用小组的知识产权分析相结合，才能更加客观地对项目技术的"高价值专利"可行性进行判断。

在通过知识产权分析和市场分析，得出"高价值专利"的基本选题后，从机构的管理流程来看，需要最高管理决策者的参与确定。以确保"高价值专利"的培育与企业或者研究院所本身的经营策略、发展方向保持一致。具体流程表现为：在结合专利信息分析利用小组的知识产权分析与市场小组的市场调研分析的基础上，创新小组撰写选题报告，最高管理者对选题报告进行审核。最高管理者是单位组织的最高领导者，是单位组织战略规划的制定者，清楚并且决定着单位的未来发展方向。在选题立项环节，最高管理者会结合单位组织本身的发展方向、经营方针，审查创新小组的选题是否与其相一致。如果创新小组的选题方向符合市场需求、与单位本身的发展方向相契合、具有技术研发的意义，则结合更新后的知识产权信息及市场信息进行项目立项。

举例来说，2016年三星手机频现"爆炸门"，最为轰动的是美国西南航空公司旗下一架航班号为994的客机发生火灾，起因是一部三星Note7手机冒烟起火，所幸全部乘客和机组人员得以及时疏散没有造成伤亡。2016年10月11日，三星电子宣布，在经历了电池爆炸起火事件后，决定永久停止生产和销售Galaxy Note7智能手机，希望尽早结束公司历史上这一耻辱事件。[1] 而与此同时，媒体纷纷报道苹果公司提交的一份专利显示，该公司正在开发一种可以延长电池寿命且不会爆炸的技术。该项专利技术提到，这样的创新可让 iPhone、iPad、iPod、笔记本电脑等设备受益。苹果公司此份专利文件中写到，人们对于移动设备的电池性能和寿命周期的关注有所增长，随着移动设备变得更小、处理性能变得更强，大家对于电池的容量也有了更高的要求，同时希望减少设备的整体尺寸。然而在电池获得更大能量的同时尽量缩小其尺寸，是一个长久的挑战。苹果公司详细介绍了如何在装配环节减少电池堆栈间的空隙，以及与传统电池采用不同的表面设计：减少间隔有助于电池抗衡寿命周期内的肿胀，类似设计可增强电池的性能和延长使用寿命，同时在内部安装了保护这种电池的设备。[2]

尽管我们无从获悉苹果公司内部的战略执行细节，但从上述案例的分析也可以看出，长久关注的技术难题的突破和巨大规模的市场需求，是促使苹果公司这项专利价值未来获益最大化的基础保障。

二、研发阶段

企业在研究开发过程会投入大量的人力、物力和财力，在此过程中，有效利用知识产权信息尤其是专利文献会节省研发成本和缩短研发周期。更为重要的是，技术研发需要较长的周期，而在研发过程中通过不断更新技术领域的专利公开情况，可以让创新小组实时掌握最新的技术发展动态，一旦出现重复研究的情况，有必要考虑对研发方向进行调整以避免重复开发。

---

[1] 林曦. 三星决定永久终止生产 Note7 手机 [EB/OL]. 来源：金羊网，发表时间：2016－10－12，网址：http://news.ycwb.com/2016－10/12/content_23229132.htm.

[2] 张金梁. 苹果发布新专利 或将减少手机电池爆炸 [EB/OL]. 来源：新华网，发表时间：2016－10－09，网址：http://news.xinhuanet.com/info/2016－10/09/c_135740159.htm.

在高价值专利的培育过程中,通过建立知识产权跟踪分析制度,明确约定跟踪内容、跟踪频次以及跟踪分析报告。由专利信息分析利用小组负责收集整理相关知识产权信息,并通过会议和内部资料共享的方式向创新小组进行传达。如果在跟踪过程中发现与研究开发方案相关度特别高的专利文献,则应和负责技术研发的高层管理人员(如企业技术副总)进行确认,由负责技术研发的高层管理人员组织进行风险评估和分析,确定是否需要对研发路线进行调整。如果技术路线需要进行调整,创新小组应结合专利信息分析利用小组提供的知识产权信息撰写调整方案,最高管理者对调整方案进行审核,进一步评估调整方案与企业或者研究院所本身经营发展的契合度。此外,竞争对手也可能在争分夺秒地实现技术突破和专利申请,因此,建立监控机制也是"高价值专利"项目时间节点管控的重要保障。谁更快一步提交申请,举足轻重!

2016 年 10 月 26 日,Celanese International Corporation,Celanese Sales U. S. Ltd. 和 Celanese IP Hungary Bt(以下统称 Celanese)向美国国际贸易委员会(简称 ITC)申请对安徽金禾实业股份有限公司、苏州浩波科技股份有限公司以及维多化工有限责任公司就高效甜味剂乙酰磺胺酸钾(Ace – K,以下简称安赛蜜)在出口至美国之后的销售、生产方法以及含有该甜味剂的产品,侵犯 Celanese 的美国专利(US9024016)进行"337 调查"。❶

2016 年 11 月 16 日,安徽金禾实业股份有限公司针对此次"337 调查"进行公告说明,该公司在安赛蜜产品领域拥有核心自主知识产权,已经获得国家知识产权局授权的多项关于甜味剂安赛蜜产品生产的专利(6 项发明专利、2 项实用新型专利),并已成为全

---

❶ 安徽金禾遭美国国际贸易委员会"337 调查"[EB/OL]. 来源:环球网财经,发布时间:2016 - 11 - 15,网址:http://finance.huanqiu.com/roll/2016 - 11/9681898. html.

球安赛蜜的主要生产商。课题组通过检索安徽金禾实业股份有限公司关于安赛蜜生产的专利发现：早在 2007 年，安徽金禾实业股份有限公司针对安赛蜜生产中的浓缩方法及装置、安赛蜜生产中的三乙胺回收处理方法及装置已进行专利申请。在 2012 年 11 月 11 日，安徽金禾实业股份有限公司又向国家知识产权局申请了名称为"安赛蜜环合连续生产方法"的专利 CN103130743A，该件专利是针对安赛蜜制备方法的保护。通过对比安徽金禾实业股份有限公司和 Celanese 公司有关安赛蜜制备方法专利的申请历史可知（如图 3-5 所示），安徽金禾实业股份有限公司在 Celanese 公司提出美国临时申请时，已经申请了制备方法的中国专利 CN103130743A。由于美国的临时申请并不公开，可知安徽金禾实业股份有限公司在研发过程中参考 Celanese 公司该专利（US9024016）的可能性不大。因此，安徽金禾实业股份有限公司能够在不到一个月内就发表专利不侵权的公告，说明其对自身产品也有较大的信心。

图 3-5　US9024016 专利与 CN103130743A 专利申请、授权时间对比

但是，由于安徽金禾实业股份有限公司在研发的过程中缺少对于专利信息的检索跟踪，没能及时发现竞争对手在此技术领域已有的研发基础和专利布局策略，同时仅把自身的专利布局局限于国内，最终导致其受到竞争对手发起"337 调查"的进攻。虽然案件后续审理情况未知，但是通过此次的"337 调查"，已经足以让安徽金禾实业股份有限公司意识到在产品整个研发过程中，需要时刻关注竞争对手的专利，摒弃"闭门造车"的方法。

三、专利布局

"高价值专利"往往不是"单打独斗"，此外，大部分专利申请都要从专利布局开始，专利布局是"高价值专利"重要的谋略机制。创新者在研发过程中会产生大量的技术方案，在这个阶段应该对知识产权进行整体规划，根据研发成果的类型确定保护方式，避免因为疏于知识产权布局规划而使产品缺乏核心竞争力，为未来的产品市场化留下隐患。同时，专利布局是一种通过合理的专利组合设置，对核心技术进行持续保护的规划，通过前瞻性的专利布局，进一步形成保护合理的专利组合，是高价值专利培育过程最为关键的环节之一。通过合理的专利布局，可以提升产品乃至企业的市场竞争力，在保障产品本身市场价值的基础上，扩大利益链，为研发增加附加值。❶

企业或者高校科研机构在拥有核心技术的前提下，如果未能通过前瞻性的专利布局进行严密保护，很可能会在技术规模化生产阶段遭遇竞争对手的冲击，丧失市场竞争的主动地位。例如，在超结MOS器件（超结半导体功率器件）技术领域，我国中科院团队早在20世纪80年代就取得了突破性的进展，解决了MOS功率管中降低导通电阻与提高耐压性能之间的矛盾问题。据法国半导体领域的市场调查公司Yole Development的数据显示，超结功率器件在2018年将达到10亿美元的年销售额，预测将以10.3%的年复合增长率迅速增长。针对项目的研究成果，中科院团队在20世纪90年代初开始向美国进行核心专利的布局，并随后获得了专利授权，该美国专

---

❶ 杨斌. 专利布局设计方法浅析［A］. 提升知识产权服务能力 促进创新驱动发展战略——2014年中华全国专利代理人协会年会第五届知识产权论坛优秀论文集［C］. 2014：10.

利公开后，引起了学术界和企业界的极大反响，国外知名半导体公司，如英飞凌、意法半导体、仙童、东芝等都投入了生产。❶ 至今，该专利已被引高达822次，而我国研究团队的后续专利布局意识并不强，在该专利公开后基本没有进行后续的布局工作。

通过分析专利的法律状态可以发现，该美国专利US5216275A已于2011年9月17日失效，而失效原因则是专利权届满。通过分析该专利的被引用情况可知，在专利公开后，各大半导体公司纷纷对该技术方案进行改进，并且申请了大量的新专利，其中，英飞凌公司施引专利达129件，仙童半导体施引专利达123件，甚至在技术公开已经超过25年的今天，上述公司还在不断进行新专利的申请。相比之下，在基础专利US5216275A失效后，我国的科研团队基本上已经失去了该核心技术在美国的保护权。不仅如此，在专利布局意识上的缺失，直接导致国外半导体公司后来居上，依赖强劲的研发实力以及周密的专利布局工作，这些公司成功投入规模化生产超结MOS器件并抢占全球市场。如今，我国企业要使用该产品，还需要向英飞凌等公司高价购买。

手握核心技术但因缺乏专利布局意识，导致企业或高校、科研院所在技术实施或市场竞争中痛失先机的例子比比皆是，如何针对研发成果设置前瞻性的专利布局方案，是高价值专利培育过程中至关重要的一环。

（一）专利布局的实施主体

高价值专利在布局过程中涉及的实施主体主要包括管理层、创新小组、市场小组、专利信息分析利用小组、专利代理小组、专利管理小组（如图3-6所示）。通过六大实施主体的多方参与，形成

---

❶ 首位获国际功率半导体先驱奖的华人科学家［EB/OL］. 来源：中国仪器仪表行业协会，发布时间：2015-05-28，网址：http：//www.cima.org.cn/article.asp? classid=3&id=14166.

科学的专利布局规划，进而规范、有序地实施。以下针对各实施主体在专利布局中的角色分工予以相应描述。

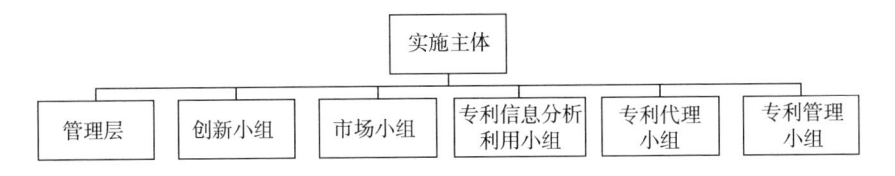

图 3-6 专利布局中实施主体的角色分工

（1）管理层：根据单位自身的发展战略，围绕高价值专利的培育目标，提出专利战略的总体目标和思路。统一协调单位资源配置，为专利布局提供资源并审核最终的专利布局方案。

（2）创新小组：提出研发团队已有的技术/产品现状、优势、创新点以及预期的研发思路。

（3）市场小组：调研技术/产品的市场数据、产业数据，为专利布局提供相关数据，以便及时响应市场、产业需求。

（4）专利信息分析利用小组：调研研发方向的已有专利现状、主要竞争者的专利申请情况；结合市场数据、产业数据、专利现状以及企业自身的专利战略、技术现状制定专利布局方案。

（5）专利代理小组：根据制定的专利布局方案，进行后续的布局实施、专利申请等具体工作。

（6）专利管理小组：专利管理小组根据管理层的专利战略，配置专利布局的资金资源、人力资源等。

（二）专利布局具体实施流程

专利布局需要综合考虑技术、市场和法律等因素，对技术进行战略性申请布局，以及对专利进行有机组合，以专利战略目标为导向，充分考虑技术保护范围、技术保护方式、专利申请时间、专利申请地域等因素，构建严密高效的专利保护网，形成对单位有利格局的专利组合。专利布局主要按照五个步骤进行：明确专利布局目标、高价值专利项目拆解、专利布局策略制定、布局策略优化和调整、布局实施。同时，各步骤有主要的负责实施主体（如图3-7所示）。

明确专利布局目标 → 高价值专利项目拆解 → 专利布局策略制定 → 布局策略优化、调整 → 布局实施

管理层　　　　创新小组　　　专利信息分析　　专利信息分析　　专利代理小组
　　　　　　　　　　　　　　利用小组　　　　利用小组

图3-7　专利布局步骤

1. 明确专利布局目标

专利布局的开展应该是具有目的的专利战略实施，需要与该技术领域高价值专利培育的整体目标相一致。在进行专利布局之前，单位需要依据自身所处的产业环境、市场环境以及拥有的资源实力，在厘清单位主要矛盾、明确单位主要需求的前提下，制定专利布局目标，实现高价值专利培育目标。

2. 高价值专利项目拆解

专利布局目标需要落实到具体项目中才能很好地实现，针对项目组所研发的不同技术方向进行项目拆解，根据项目组成拆分布局，进而在不同的技术点上进行技术的创新、布局、挖掘（如图3-8所示）。

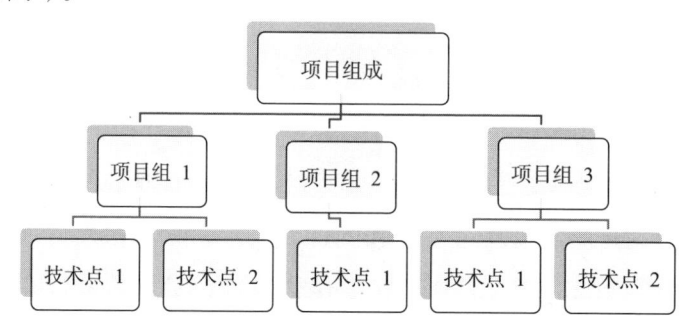

项目组成
├── 项目组1
│   ├── 技术点1
│   └── 技术点2
├── 项目组2
│   └── 技术点1
└── 项目组3
    ├── 技术点1
    └── 技术点2

图3-8　高价值专利项目组成

3. 专利布局策略制定

专利信息分析利用小组联合市场小组根据课题组的项目拆解，开展如下工作。第一，明确核心专利、外围专利。第二，专利信息分析利用小组调研主要竞争对手的专利申请现状，市场小组调研产品/技术市场现状、技术所处的产业领域现状。第三，专利信息分析利用小组从技术上制定专利布局策略。例如，针对技术点1的布局可以从7个方面展开（如图3-9所示）。第四，专利信息分析利用小组从时间上制订具体的专利布局策略。第五，从地域上制订申请策略。不同类型的专利需要的审批时间、文件要求、保护期限、三性要求都存在差别，不当的专利保护地域范围、不合适的专利类型都将导致专利无法被授权或者即使被授权，企业也无法最大限度获得专利价值。在高价值专利培育的过程中，需要根据单位以及竞争对手的市场情况进行布局地域的选择。

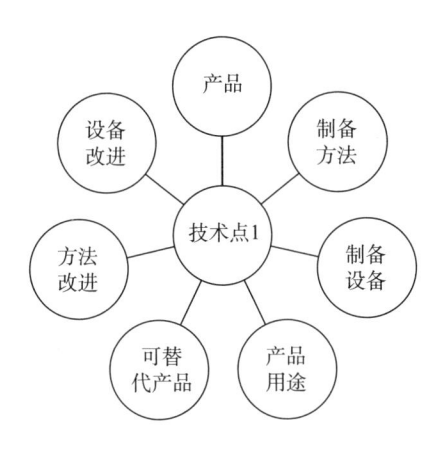

图3-9 针对技术点1的专利布局

根据《专利法》第9条的规定，专利申请实行申请在先的原则，即两个以上的申请人向专利局提出同样的专利申请，专利权授予最先申请专利的单位或个人。同时，专利是以公开换取具有一定期限限制的垄断权利。因此，如果专利申请时间过早，披露了自身的研发成果，竞争对手易于在此基础上进行研发，终为他人作嫁衣裳；如果专利申请过晚，一旦竞争对手抢先申请专利，那么前期研发将会付之东流，更严重的会丧失市场竞争优势。高价值专利的培育周期比较长，且各单位已有的研发基础和知识产权均有差异，因此，在高价值专利的培育过程中，结合已有专利申请和按照从技术上布局的思路不断完善专利组合，按照技术类别不同在项目实施周期内进行专利申请（见表3-1）。

表3-1 高价值专利培育过程申请时间规划

时间 方向	第1年 上半年	第1年 下半年	第2年 上半年	第2年 下半年	第3年 上半年	第3年 下半年
产品						
制备方法						
制备设备						
产品用途						
可替代产品						
方法改进						
设备改进						

4. 布局策略优化、调整

专利布局的时间周期长，且研发过程中也会出现新的技术点或者市场上出现新的市场需求。因此，专利布局将围绕研发过程、市场需求进行适时的优化和调整，从而才能产生一批市场前景好、竞争力强的高价值专利。

5. 布局实施

通过具备一定的数量规模，保护层级分明、功效齐备的专利组合，从而获得在特定领域的专利竞争优势是专利布局的主要目的。因此，专利布局的实施有待具体的专利申请实现，专利代理小组根据专利信息分析利用小组制定的专利布局策略，进行后期的布局实施，即专利申请工作。

四、专利申请

专利申请是获得专利保护的第一个步骤和程序，高价值专利培育过程中的专利申请应该基于专利布局方案的设定，在技术信息与市场信息综合利用的前提下，通过对现有技术的专利地域布局、技术领域申请布局、各地域申请量随时间的变化等，以获知相关技术的主要市场和研发所在地，以及潜在市场所在地等信息。专利申请阶段工作流程如图 3-10 所示。

（1）在高价值专利培育的专利申请过程中，创新小组需要填写《高价值专利培育研发成果记录表》，对相关技术的现有状况，包括现有技术中存在的缺点及其原因进行初步的分析，详细阐述创新成果的具体技术方案，包括结构组成、工作原理、工艺步骤和参数、使用方法、实施条件、实验数据等信息，同时，在表单中明确说明该技术研发的创新要点，方便专利信息分析利用小组能够对创新小组的创新思路和技术要点更加清楚。

（2）专利信息分析利用小组基于《高价值专利培育研发成果记录表》，对创新小组的创新成果进行专利文献以及非专利文献的检索与分析，形成《研发成果检索分析报告》，判断相关技术的可专利性情况，从专利布局的角度给出技术交底书撰写过程中技术保护要点的撰写建议。

（3）创新小组参考《研发成果检索分析报告》，进行专利申请技术交底书的撰写。需要注意的是，专利是以公开换取垄断且具有一定保护期限的权利，一旦公开任何人都可以通过检索渠道获取相关信息，竞争对手可以在此基础上进行改进研发，这无疑是在为他人作嫁衣裳。因此，创新小组负责人（比如技术副总）应结合整个项目的研发思路，对专利申请交底书进行初步审核，对研发成果的保护方式进行审核。如果审核通过则由专利管理小组整理相关专利

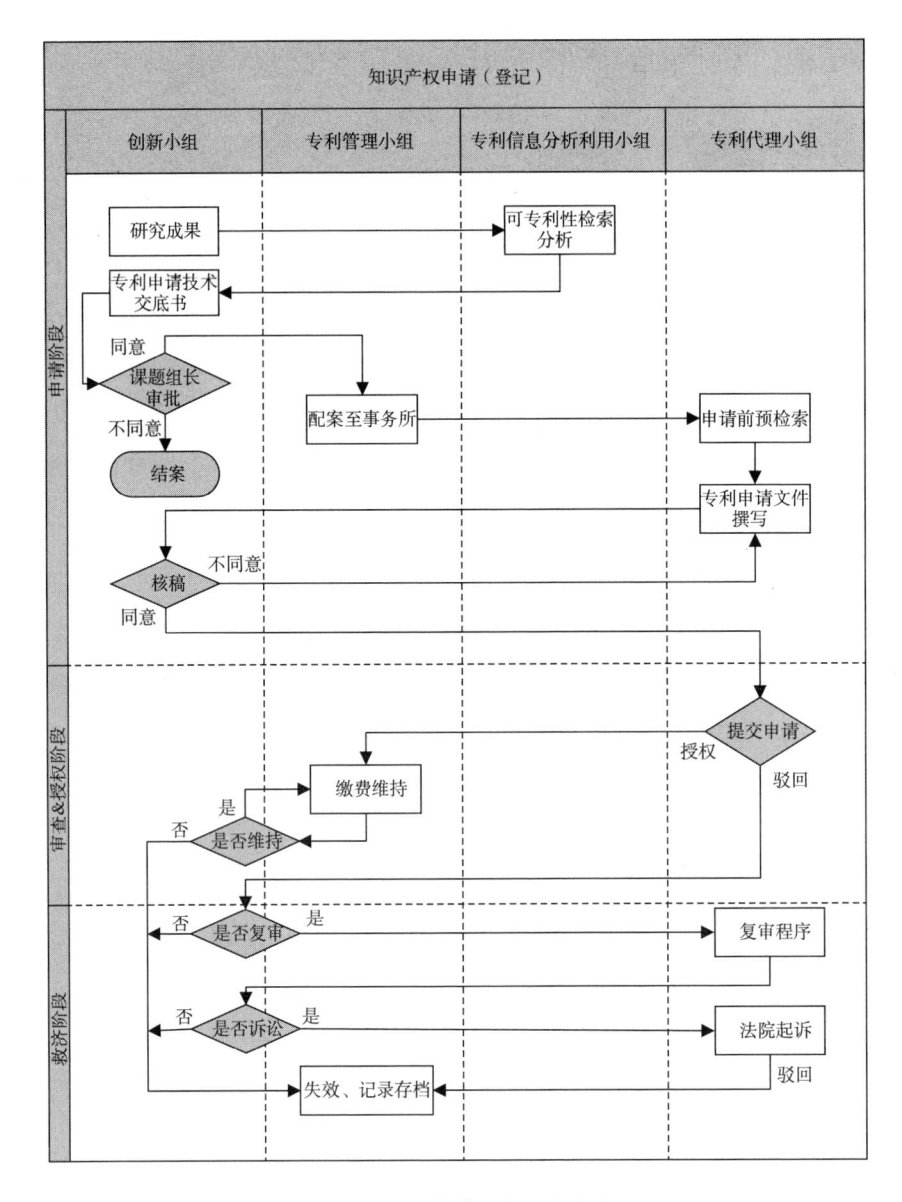

图 3-10　专利申请阶段工作流程图

申请材料，配案至专利代理小组（事务所），作为专利代理小组与创新小组之间沟通的桥梁，及时反馈并提供相关材料，对专利申请的具体事项进行跟踪。

（4）专利代理小组在进行说明书、权利要求书等申请文件撰写之前，根据创新小组撰写的技术交底书进行专利查新，审查技术可专利性的同时，更重要的是了解相关现有技术的保护范围和方式，并形成《预检索报告》。

综上所述，高价值专利的培育不仅需要优秀的技术为基础，专利申请文本的撰写也至关重要。专利权保护范围完全以提交的权利要求书所述的范围为准，权利要求中所含技术特征过少，虽然看似保护范围得以扩大，但很容易因为缺乏新颖性、创造性导致专利申请夭折。而权利要求书所含技术特征太多，就容易被他人减少不必要的技术特征后仿制，结果往往是因其只使用了部分技术特征，而被认定不构成侵权。所以在专利申请文本撰写过程中，专利代理小组需要在专利布局实施方案的指导下进行高质量的撰写工作，通过与创新小组的反复沟通，优化权利要求的配置，形成保护范围合理的专利申请文档；对比现有技术，对权利要求进行合理的修改，提升申请文本的质量；专利申请提交后，需要积极应对审查答复意见，配合专利审查，确保专利保护范围合理稳定。

五、专利运营

所谓专利运营是指优化专利权的市场配置，提升和实现专利权价值的商业方法和经营策略。[1] 专利的实施运营是实现专利价值的基本方式，也是高价值专利培育流程中最能直观体现培育效果的重要环节。如前所述，在高价值专利申请文本提交之后，即可以开始制定专利实施运营的方案了。在整个专利实施运营方案的制定过程中，需要综合考虑市场、技术以及法律等因素，因此，需要项目团队中的创新小组、专利信息分析利用小组（运营小组）、市场小组参与制定，并最后由管理层进行决策。一般可以按照以下

---

[1] 韩秀成，刘淑华. 专利需要运营吗［N］. 光明日报，2016-12-16（10）.

流程执行。

（1）创新小组列出技术实施的指标，包括产品性能参数、规模化生产所需的硬件要求等。

（2）市场小组根据竞争对手以及市场需求信息，结合创新小组提交的技术指标，对产品的市场规模、实施成本以及市场竞争力进行评估。

（3）专利信息分析利用小组（运营小组）协助市场小组获取相关产品的市场信息，对专利实施运营的方式、方法给出参考性建议，最终完成《××技术专利实施运营方案》。

（4）管理层对上述方案进行审核，最终确定专利实施运营的方式。

在高价值专利实施运营方案的制定过程中，实施运营路径的确定与选择尤为重要，常见的方式主要包括专利技术标准化、专利实施许可、专利转让等。项目组需要综合考虑多方因素，如实施主体（企业、高校科研机构在实施运营方向的侧重点）、产业链定位、市场需求等，通过对上述因素的深入分析，最终确定合适的实施运营方向，以实现专利价值的最大化。

第三节　高价值专利培育的关键环节

从理论上而言，高价值专利培育流程实际上是一个动态的闭环体系。在整个价值体系运作的过程中，存在着一些关键环节，这些环节是否能够贯彻执行，将直接影响到高价值专利培育的实施成效。

一、专利信息运用的功能模块

专利信息集法律、技术与经济属性于一身，在整个培育过程，项目实施方需要充分地分析以及利用已公开的专利信息，为项目的顺利实施提供保障。在高价值专利培育的各个阶段，专利信息运用的侧重点各有不同，如果运用得当，将会对高价值专利培育的过程带来巨大的帮助。

(一) 数据资源基础

工欲善其事，必先利其器。高价值专利培育作为一个长效的执行体系，首先要求拥有高质量的专利数据信息资源，保证分析数据内容的准确性与全面性。市面上各种商用的专利信息数据库，在专利信息资源方面大都收录了全球"八国两组织"的专利数据，数据更新频率基本都可达到每周一更新，可以作为数据分析的基础数据源。但在专利信息运用的过程中，全面准确的专利数据仅仅是最基本的数据要求，如果商用的专利信息数据库本身拥有更高质量的数据加工、分析功能或者更为全面的数据，会让整个分析工作事半功倍。在"大数据"时代背景下，专利信息的运用需要引入更多的相关信息，以满足更多元化的分析需求，例如与专利相关的诉讼信息、商标、标准等信息，如果可以有效地与专利关联，在专利信息的运用上将会达到一个新的高度。

(二) 专利态势分析

在项目的选题立项阶段，需要对选题方向进行专利态势分析。顾名思义，态势分析的目的，就是为了了解选题方向的专利"状态"以及"形势"，前者是一个静态的过程，即当前专利申请的现状，而后者更像是一个动态的过程，要对技术发展的趋势进行判断。因此，为了更好地通过专利分析，了解技术发展的态势，在专利态势分析阶段，必须结合技术发展以及市场需求进行综合分析，为选题立项的可行性提供更具参考性的信息支撑。

(三) 专利预警分析

专利预警是一个动态的过程，在技术研发以及产品的推广应用阶段，都必须开展有针对性的预警工作。研发过程中的预警，其目的在于了解在技术领域内其他研发者的最新研发动态；而产品推广应用阶段的预警，其目的更加偏向于风险控制，如竞争对手在不同区域的专利布局情况、诉讼情况等，以此来预判进入不同市场的风险，制定针对性的应对策略。

（四）布局分析

发明专利保护的客体是多样化的，包括产品、方法以及两者的结合，不同性质与形态的客体其所倾向的创新思维是有很大差别的，其专利价值及效用也有所不同。同样，不同的创新主体，其专利申请的价值取向也存在明显的不同之处。因此，高价值专利培育的专利布局环节，在进行布局分析的过程中应当基于重要权利主体识别、筛选，从技术布局、地域布局等方面对不同的权利主体拥有的不同形态的专利分布情况进行分析。通过不同形态的专利布局分析，一来可以清楚行业技术发展的周期进程，二来也能清楚了解该技术领域内主要权利人的研发热点，以及判断不同权利人是处于行业的上游还是下游，为后期高价值专利的运营转化提供一定的基础。

（五）专利申请前的预检索

我国《专利法》规定授予专利权的发明和实用新型，应当具备新颖性、创造性和实用性。"三性"的判定是专利申请过程中至关重要的一个环节，只有充分了解现有技术的情况，才能更加准确地判断相关技术方案是否值得申请专利，适合申请什么类型的专利。在高价值专利培育的过程中，专利申请前的预检索可以使专利代理小组了解技术现状，通过与现有技术进行对比分析，判断相关技术是否满足《专利法》对新颖性、创造性及实用性的相关要求。专利代理小组通过专利申请前的预检索，发现创新小组提供的技术方案已经被现有技术公开，在创新小组无法进行规避设计、重新提供修改方案的情况下，不应当再进行专利申请，以免造成不必要的成本浪费。如果通过专利检索发现，相关的技术方案与现有技术相比具有新颖性，专利代理小组则可以通过规避已有专利权利要求的保护范围，界定预申请专利的保护界限，更好地设计专利申请的方案，在提高专利撰写质量的基础上，加强授权后专利权利的稳定性。

二、信息化手段固化专利培育成果

信息化是当今世界经济和社会发展的大趋势，技术的快速发展离不开信息的高效利用，信息技术及其应用渗透到各个技术领域，快速推动社会的发展，信息化建设逐渐成为实施知识产权战略的重要基础和保障。在高价值专利培育的各个环节，都需要对技术信息、市场信息、专利信息等充分识别、筛选、利用以及管理，信息化建设亦是高价值专利有效培育的重要手段。

高价值专利培育需要一定的周期，所涉及的机构、人员、资源以及信息等纷繁复杂，规范的建立固然能够在一定程度上将所涉及的事项进行流程化控制，降低相关的管理风险，但不同小组之间的信息资源共享易于受阻，长期人工管控成本相对较高。高价值专利培育过程中的信息化建设，将制度、规范等转移到线上实施，打造高价值专利全生命周期管理平台，对高价值专利全生命周期的相关过程文件进行规范管理，为高价值专利培育的创新性研究提供重要的参考材料；更重要的是，通过信息化建设，不同角色能够通过信息化平台，高效参与高价值专利的申请、评价、管理、运营等全流程。同时，充分利用国内外专利信息资源，经过专利检索、分类、标引、加工，建立产业专利信息共享平台，对主要专利数据做主题分类导航标引，为高价值专利培育过程中技术创新、情报分析、战略布局、专利运营提供支持，固化专利培育成果。

三、专利挖掘与高质量专利申请文本的撰写

专利挖掘是专利申请、授权和运营的基础。要保障专利申请文本的质量，除了申请文件的高质量撰写外，还需从专利挖掘阶段抓起，专利挖掘是撰写专利申请的准备工作之一。通过专利挖掘，可以对本单位所取得的所有创新成果及其外围技术进行全面梳理，并选择合适形式加以保护，从而将本单位的创新成果实现法律价值和经济价值的最大化。在专利挖掘过程中，应体现出对高价值专利培育的思路和具体措施，从而将可能具备高价值的"好苗子"挖掘出来。按照专利挖掘的具体工作流程，以下从创新成果的收集与初筛、技术交底书的撰写和专利申请预审流程三个阶段，具体阐述有关方法和注意事项。

（一）创新成果的收集与初筛

创新成果收集的要点在于畅通的收集机制和规范的管理，而初筛过程是为了去除那些明显不适合用专利的方式保护、明显不可能授权的创新成果，以减轻技术交底书的成本和数量。

1. 创新成果的收集机制

（1）专利基础知识培训。为保证员工对专利有基本的认识，提高创新成果提交的质量，企业、高校、科研院所应当面向全员开展专利基本知识培训活动，讲授专利的基本特点和专利申请的基本流程等知识。

（2）制定创新激励政策。现行《专利法》第16条和《专利法实施细则》第6章都明确了对发明人的奖励和报酬标准，各单位可以在此基础上进一步制定单位内部合理的专利利益分配与奖励制度，兑现应当分配的利益与奖励，提高员工的积极性。可以设立"技术交底奖"，员工每提交一份合格的技术交底，就给予相应的奖励；当决定进行专利申请或者最终获得专利授权时，给予员工相应

的奖励，奖励形式可以是物质奖励，也可以是精神奖励。单位在制定奖励措施时，可以充分利用和结合地方政府的现有政策。

（3）向全员明确收集机制。无论单位是否设有专利管理部门，都应建立固定渠道收集创新成果，如内部办公系统、固定的电子邮箱、电话等。

（4）制作标准表格。为了统一格式便于后续的筛选，应制作标准的表格供员工提交创新成果时使用。其可以包括如下必填项目：创新成果名称、提交人基本信息、创新成果的技术领域、核心要点、主要内容。还可包括以下选填项目：初步可预见的市场价值、技术成熟度等。

2. 创新成果的初筛阶段

（1）实施人员。创新成果初筛的评选者可以是企业、高校、科研院所相应的专利部门或者专利管理人员，再邀请一些本单位技术专家或者市场部人员参加即可，应强调所有参与人员对创新成果的保密义务。

（2）筛选标准。从技术本身来看，对于那些发明内容混乱、技术明显落后的提交内容，应当淘汰；从市场价值来看，对明显不会带来经济效益、没有市场价值的产品技术方案，应当淘汰；从法律属性来看，对于不属于专利保护的主题或者明显不可能授权的技术方案，应当淘汰。

上述对创新成果的初筛，主要是针对单位内部创新成果较多的情况加以适用。对于历年来创新成果较少的单位，也可省去上述初筛过程，直接由发明人填写技术交底书，由单位对技术交底书进行审核。

（二）技术交底书的撰写

对于初筛过程未淘汰的创新成果，就进入技术交底书的撰写。技术交底书是清楚、完整记载发明内容的文件，是后续形成专利申请文件最主要的基础材料，其作者是发明人，读者一般是专利代理人或单位内部的专利工作人员。

1. 撰写的基本要求

技术交底书是发明人和专利代理人或单位内部专利工作人员之间沟通的桥梁。为了撰写恰当的权利要求保护范围，更好地描述本发明创造的创造性，技术交底书至少应满足如下要求[1]。

（1）描述现有技术的缺点。

发明创造往往是针对现有技术中存在的问题做出的，对现有技术整体状况的了解，是进行发明创造的基础，是专利审查员判断是否授予专利权的基础，也是专利权价值的基础。由于发明人一般对所属技术领域的技术发展状况进行了较多的了解，因此本部分难度不大。但需要注意以下问题。

第一，应着重描述与本发明最接近的现有技术。审查员在判断新颖性和创造性时，通常会将本发明内容与最接近的现有技术进行对比，以判断本发明相对于最接近的现有技术，是否具备"突出的实质性特点"和"显著的进步"。因此，虽然发明人了解的现有技术非常多，但是最需要在技术交底书中写明的是其查找到的最为接近的现有技术。

第二，应将技术方案与技术问题相对应。现实中，很多申请人将发明技术方案与技术问题割裂开分别描述，双方彼此缺乏联系。这样形成的申请文件，审查员很难理解技术问题是如何解决的，降低了申请文件的说服力。

第三，对现有技术缺陷的描述应客观。发明人不应为了显示自己发明的先进程度而过分夸大现有技术的缺陷。因为审查员作为本领域技术人员，在审查完相关现有技术后，会做出独立客观的判断。

---

[1] 杨铁军. 企业专利工作实务手册[M]. 知识产权出版社，2013：1.

（2）清楚描述发明的技术方案和技术效果。

第一，用词清楚、专业。发明人作为专业的技术人员，在描述技术方案时应当使用通用的、规范的术语和表达方式。

第二，防止只有发明构想，没有具体方案。现实中，部分技术人员只是有了一个比较好的创意，但并没有给出具体的可以实施的技术方案，这样的技术交底内容显然无法走向最终的专利授权。

第三，有必要的技术效果证据或者推理过程。对于发明取得了何种技术效果，经常出现的情况是，发明人仅仅是断言性的，至于为何这样的技术方案能够带来所述的技术效果，有时并不容易看出来。因此，这就需要发明人进行必要的解释推导或者运用数据予以佐证。

2. 改进的技术交底书示例

目前，很容易搜索到技术交底书的规范格式，以下对常见的格式进行进一步改进，增加了可规避性、侵权可判断性、目标使用群体、国外技术状况等项目，为发明人从技术角度提供足够多的信息，以便于其筛选出可能具有更高法律价值和经济价值的专利。改进后的技术交底书示例如表3-2所示。

表3-2 技术交底书示例

发明人		部门	
发明名称		技术领域	
其他发明人		联系方式	
1. 背景技术			
写明现有技术整体情况、与本发明最接近的现有技术、现有技术中存在的缺点			
2. 发明目的			
针对现有技术中存在的缺陷，发明解决了哪些技术问题，特别是相对于最接近的现有技术解决了哪些问题			
3. 发明内容			

续表

清楚、完整地描述解决其技术问题所采取的技术方案。应使用国家统一的术语。对机械产品发明，可以描述其部件及连接关系；对组合物发明，可描述其组分及含量；对方法发明，可表述各步骤及顺序、条件等。应达到本行业人员能够清楚的程度。应特别注明哪些是技术诀窍，哪些不适宜公开，以供撰写申请文件时考虑
4. 技术效果
结合发明的技术方案，表明取得了何种技术效果及原因
5. 与技术标准的结合度
本发明是否与现有技术标准有关
6. 可规避性
同行业单位是否容易避开本发明的技术
7. 侵权可判断性
本产品或方法被他人使用后，能否通过对产品检测分析等手段，判断出疑似侵权产品与本发明的不同
8. 目标使用群体和预计上市销售时间
本产品或方法预计的用户范围，发明产品何时可以销售，或者发明的方法何时可以实际应用
9. 参考文献
重要的专利文献、论文、标准等，尤其是最接近的现有技术
10. 其他需要说明的事项
发明人认为需要注意或特别说明的事项

3. 技术交底书的撰写问题

技术交底书的撰写人为发明人，通常情况下发明人对该技术最为熟悉，但由于发明人对专利申请和审查程序了解不多，容易出现如下问题。❶

第一，发明技术内容描述不清楚，语言缺乏规范性。发明人习惯使用单位内部或者小范围使用的术语和技术表达方式，但是这些不符合专利申请的要求。因此，应当注意使用规范的术语和表达

---

❶ 刘彬，杨晓雷. 技术交底书在专利申请文件撰写中的功用[J]. 中国发明与专利，2012（4）：104–106.

方式。

第二,技术说明太简单,不利于专利代理人理解发明的状况。很多发明人在撰写技术交底书时,经常会认为只要写出核心内容就够了,对于一些现有技术内容或者发明次要内容,往往不提或者描述非常简单,这将不利于专利代理人理解发明的状况。因此,发明人在撰写技术交底书时,对技术的说明程度应当达到专利代理人能够充分理解的程度。

第三,一般不进行扩展性说明。发明人通常只写出最佳的技术方案,而不写一些次优的方案。例如,一个电路中包括一个开关元件,从与电路中其他元件的配合、连接和使用等多个角度来考虑,可能二极管是最好的,但是本领域可用作开关的元件有多种,它们也可用在该电路中实现该功能。因此,在技术交底书中也应该对这种实现方案的可替代性进行描述,描述的具体方式可以是另外一个完整方案,也可以是简单提及该部件可以用能够实现该部件功能的其他部件替代。如果可能还可以对发明的技术思想进行提炼,从而形成一个比具体发明具有普遍性的技术思想,以便于专利代理人在权利要求书中将该技术思想进行保护。[1]

第四,刻意省略关键技术信息。对于一些技术诀窍,例如特定的温度范围、特定配比,发明人往往不愿告知他人。这种顾虑可以理解,但是技术交底书不是公开的技术文献,在专利申请文件公开之前,专利代理机构对技术交底书中的内容负有保密的责任。因此,发明人可以在技术交底书中提及有发明诀窍存在,然后与专利代理人进一步讨论,共同考虑是否写入专利申请文件。

(三) 专利申请预审流程

由于申请专利意味着发明的公开,并且需要缴纳相关费用,因

---

[1] 沈乐平. 试述技术交底书的构成要素 [J]. 中国发明与专利, 2014 (4): 43 - 45.

此，对专利申请的预审就很有必要。通过预审可以对技术交底书的方案进行申请必要性等级分类，确定哪些发明必须申请、哪些可以申请、哪些不必申请。按照预审的工作流程和参与人员，可以分为以下几个阶段。❶

1. 技术专家组对保护方式和创新性的审核

技术专家组一般由单位内部的技术专家组成。完成发明创造后，需要评审是采用技术秘密的方式还是采用专利的方式进行保护。一般而言，对于那些不容易保密、容易被他人仿制的发明创造适合用专利的方式进行保护，而不适用技术秘密的保护方式；有时也可采取专利申请和技术秘密相结合的保护方式，将一些特定的生产工艺条件作为技术秘密加以保护，此时要注意技术秘密的保留不能使得本发明无法区别现有技术，不能丧失新颖性和创造性。❷

技术专家组还要对以下问题提出评审意见：技术方案是否表述清楚，是否可行，是否能够真正解决其声称的技术问题，是否能够达到其所述的技术效果，发明技术在本行业国内外的先进程度，行业应用范围，可替代技术的多少。

2. 市场人员对专利市场需求的判断

企业市场部门可派出代表参加专利申请的预审工作。市场部门具有特有的市场敏感性，对于消费者的需求比较熟悉，因此，更容易判断出一项发明技术获得专利授权后，能够产生多大容量的市场需求。

企业市场部门代表还应判断此发明技术能否给企业带来实际的竞争地位优势，如果获得专利权并禁止他人制造、使用、销售、许诺销售和进口此专利产品，会给本企业带来多少实际利润或者潜在

---

❶ 杨铁军. 企业专利工作实务手册［M］. 知识产权出版社，2013.
❷ 魏保志. 从专利诉讼看专利预警［M］. 知识产权出版社，2015.

收益。例如，拥有专利权后可能提高多大比例的市场占有率，可能收取多大数额的专利许可费等。

3. 专利工程师对专利授权前景的判断

专利工程师主要预审以下方面：本发明的技术方案是否属于可授予专利权的主题，是否清楚完整地公开，是否明显不具备《专利法》意义上的新颖性和创造性，是否还存在其他明显不符合《专利法》规定之处。

4. 专利部门主管确定评审结论

经过技术专家组、市场人员、专利工程师的预审后，可由专利部门的主管做出最终评审结论。具体可以分为三类：一是必须申请，此类发明往往是授权可能性超过一半，并且具有实际的市场需求；二是可以申请，此类发明的授权可能性超过一半，或者具有实际的市场需求；三是不必申请，此类发明的授权可能性很低。对于第二类发明创造，最终是否申请还应根据本单位的专利工作目标而定。如果单位急需大量专利来增加实力则倾向于申请，以积累专利数量；如果单位拥有足够多的专利数量，则倾向于暂缓申请。

（四）专利申请注意事项

专利申请工作采取何种专利申请策略，是一个必须考虑的问题。专利申请策略与企业的成长阶段密切相关。在专利的原始积累阶段，很多初创型企业或者刚刚具备专利意识的企业，拥有一定数量的专利授权是他们追求的目标。因此，对于此类企业或者高校、科研院所，在专利挖掘时更应打开思路，将本单位拥有的发明创造充分展现出来。在对技术交底书进行预审时，也可以放宽标准，即使暂时看不到明显的经济价值，只要属于《专利法》保护的客体并且具备改进空间，也可以考虑提出专利申请。在企业跨越专利原始积累阶段后，会更加强调专利质量的重要性，一般会重点打造一些核心专利，对于核心技术花费更多的精力，委托更有经验的专业机构进行撰写。而对于一些价值较低的发明创造，则会倾向于先核算专利申请的运营成本，当成本高于收益时可能会放弃提出专利申请。在企业处于专利运营阶段时，拥有了数量较多的专利甚至高质量专利，此时企业对于专利制度的运用更为娴熟，其深知获取专利权的目的并不仅是加强企业形象、获得更多评奖机会等，而是运用专利进行转让、许可、质押融资、发起侵权诉讼等，从而获得一定的经济效益和市场竞争优势。对于此阶段的企业，在专利申请时就应加强专利布局，通过组合专利申请提高专利权的势力范围，通过数量布局获得一定的影响力，通过缜密的专利申请前预审提高专利的稳定性。

1. 申请前加强保密管理

在专利申请前，要防止通过出版、演讲、汇报、上传到网站上、博客、微信，与消费者或供应商的讨论等各种方式公开发明的技术方案。[1] 一方面，一旦发明技术方案处于公众可以获得的状态，那么之后再去进行专利申请将丧失新颖性。另一方面，一旦潜在的竞争者获知了发明技术方案，他们可能会进一步作出改进然后去申请专利。对此，可采取如下防范措施。

（1）保密协议。单位与相关人员签订保密协议，明确保密责任以及法律后果，如果由于商业原因不得不向第三方说明发明的技术方案，那么也可以通过签订保密协议的方式进行事先预防。

（2）合理利用宽限期制度。中国、美国等国家设立了宽限期制度，如果符合相关情形，申请人可以主张宽限期。我国《专利法》第24条规定，申请专利的发明创造在申请日以前6个月内，有下列情形之一的，不丧失新颖性：①在中国政府主办或者承认的国际展

---

[1] Wilton A D. Patent Value: A Business Perspective for Technology Startups[J]. Technology Innovation Management Review, 2011(12): 5 – 11.

览会上首次展出的；②在规定的学术会议或者技术会议上首次发表的；③他人未经申请人同意而泄露其内容的。申请专利的发明创造在申请日以前6个月内，发生《专利法》第24条规定的三种情形之一的，该申请不丧失新颖性，即不构成影响该申请的现有技术。6个月的期限被称为宽限期或者优惠期。宽限期把申请人（包括发明人）的某些专利内容公开，或者第三人从申请人或发明人那里以合法手段或者不合法手段得来的发明创造的某些专利内容公开，认为是不损害该专利申请新颖性和创造性的公开。但需要注意的是，从公开之日至提出申请之日的期间，如果第三人独立地作出了同样的发明创造，而且是在申请人之前提出，那么根据在先申请原则，申请人就不能取得专利权。当然，由于申请人（包括发明人）的公开，使该发明创造成为现有技术，故第三人的申请没有新颖性，也不能取得专利权。目前，美国、日本、韩国的新颖性宽限期制度与我国在适用范围上有所不同，因此，如果想在这些国家享受新颖性的宽限期，还需要关注各自的规定。

2. 申请前明确权利归属

现实中经常发生职务发明纠纷或者委托研发合同的专利权纠纷，导致专利权归属处于诉讼或者不确定状态，影响了专利权的法律价值。因此，应当在专利申请前予以明确。对此，《专利法》相关条款进行了规定。

（1）职务发明的界定。《专利法》第6条规定，执行本单位的任务或者主要是利用本单位的物质技术条件所完成的发明创造为职务发明创造。职务发明创造申请专利的权利属于该单位；申请被批准后，该单位为专利权人。非职务发明创造，申请专利的权利属于发明人或者设计人；申请被批准后，该发明人或者设计人为专利权人。利用本单位的物质技术条件所完成的发明创造，单位与发明人或者设计人订有合同，对申请专利的权利和专利权的归属作出约定的，从其约定。因此，在申请专利前，单位与发明人应当根据《专利法》所确定的上述原则，明确发明是否属于职务发明，最好签订书面协议。

（2）合作完成或委托完成的发明创造的专利权归属。我国《专利法》第8条规定，两个以上单位或者个人合作完成的发明创造、一个单位或者个人接受其他单位或者个人委托所完成的发明创造，除另有协议的以外，申请专利的权利属于完成或者共同完成的单位或者个人；申请被批准后，申请的单位或者个人为专利权人。在申请专利前，各单位应根据此规定明确知悉权利归属，以避免获得专利归属权尤其是显现出巨大经济价值后产生纠纷。

3. 是否向国外申请的判断

（1）判断方法。如果能够在多个国家获得专利权，那么将显著提高专利权的经济价值，我国也出台了对外申请专利的资助政策，可以大大降低专利申请的经济成本。因此，一项发明创造做出后是否具备向国外申请专利的条件，应当作为一个考虑的问题。首先，可联合市场部门人员考虑向哪些国家申请具备更高的经济价值，例如本单位的产品计划进入哪些国家的市场。其次，专利部门工作人员需考虑采用《巴黎公约》途径还是《专利合作条约》（PCT）途径进行申请。PCT途径的优势在于申请人可以先获得国际检索报告，对专利申请是否具备新颖性和创造性有了基本结论后，再决定是否向哪个国家提出专利申请，有充足的考虑时间。最后，需要对申请国家的专利制度和审查流程有基本的了解。总体而言，美国可授权主题的范围相对较广，而欧洲、日本和韩国的授权主题范围与我国比较相似。《美国专利法》关于可申请专利的主题并没有设置任何排除性法条，计算机软件、计算机可读存储介质、医疗方法等都有可能成为专利保护的主题。涉及金融、银行、电子商务等的商业方法同样没有被《美国专利法》明确地排除，一些商业方法可能属于可申请专利主题。在具体的商业方法是否可申请专利的评判标准上，则需要根据美国联邦巡回上诉法院与美国联邦最高法院的判例来予以确定。❶ 此外，各国的主要审查条款也基本相同，主要是新颖性、创造性、实用性，说明书清楚、完整公开，修改是否超范围，单一性等，发明实审程序都是由审查员发出审查意见通知书，申请人进行答复。主要区别在于，有的国家在第二次审查意见通知书发出后就会做出授权或驳回的结论，而我国则可能会发出第三次审查意见通知书，给予申请人再次修改或陈述意见的机会。

（2）对外申请的保密审查。任何单位或者个人将在中国完成的发明或者实用新型向外国申请专利或者向有关国外机构提交专利国际申请前，应当向专利局提出向外国申请专利保密审查请求。经保密审查确定涉及国家安全或者重大利益需要保密的，任何单位或者个人不得就该发明或者实用新型的内容向外国申请专利。提出向外国申请专利前的保密审查请求有下列三种方式。一是以技术方案形式单独提出保密审查请求。以该种方式提出请求的，申请人应当提交向外国申请专利保密审查请求书和技术方案说明书，并采用书面形式将文件当面交到专利局的受理窗口或寄交至"国家知识产权局专利局受理处"。二是申请中国专利的同时或之后提出保密审查请求。以该种方式提出请求的，申请人应当提交向外国申请专利保密审查请求书。三是向专利局提交专利国际申请的，视为同时提出了保密审查请求，不需要单独提交向外国申请专利保密审查请求书。❷

（五）专利申请撰写质量

专利申请文件尤其是权利要求书的撰写质量，对于快速获得专

---

❶ 吴贵明. 如何在撰写中国专利申请文件时考虑向国外申请［A］. 中华全国专利代理人协会年会第三届知识产权论坛论文选编［C］. 2012.

❷ 专利申请相关事项介绍［EB/OL］. 网址：http://www.sipo.gov.cn/zhfwpt/zlsqzn/zlsqspcxjs/zlsqxgsxjs/.

利权，授权后的司法保护，专利权质押许可、转让等具有深远的影响。现实中常见的情形包括：在专利审查过程中才发现撰写存在无法弥补的缺陷，在诉讼过程中才发现撰写存在很大缺陷，在专利运营过程中才发现因撰写问题导致专利权经济价值大大降低。因此，要培育高价值专利，就应从专利申请文件的撰写开始抓起。

1. 专利申请文件的基本要求

申请发明专利的，申请文件应当包括发明专利请求书、说明书摘要（必要时应当提交摘要附图）、权利要求书、说明书（必要时应当提交说明书附图）。对于发明专利申请的请求书，有两点容易遗漏。一是要注意依赖遗传资源完成的发明创造申请专利的，申请人应当在请求书中对遗传资源的来源予以说明，并填写遗传资源来源披露登记表，写明该遗传资源的直接来源和原始来源。申请人无法说明原始来源的，应当陈述理由。二是如果同一申请人同日对同样的发明创造既申请实用新型专利又申请发明专利的，应当在申请时分别说明，即在请求书上进行勾选。实践中也发生过申请人没有勾选，导致权利损失的后果。

《专利法》第26条第4款提出了权利要求书的基本要求：权利要求书应当以说明书为依据，清楚、简要地限定要求专利保护的范围。其中的"以说明书为依据"，是指权利要求书中的每一项权利要求所要保护的技术方案应当是所属技术领域的技术人员能够从说明书充分公开的内容中得到或者概括得到的技术方案，并且不得超出说明书公开的范围。在备受瞩目的Siri专利案中，二审改判的理由之一即是小i机器人的专利权利要求没有清楚限定将何种语句转发至游戏服务器，说明书也难以进行解释，因此不合规定。[1]

对产品权利要求来说，优选用结构特征或组份特征进行限定。

---

[1] 孔德婧. Siri 专利官司 苹果"逆袭"成功［N］. 北京青年报，2015 – 04 – 22 (13).

仅在无法用结构特征进行限定或者用结构特征不如功能或效果特征限定更恰当，并且该功能或效果通过实验或者操作能够直接肯定验证时，才允许使用功能或效果特征限定。实践中，由于采用了功能限定而导致后续的专利审查和法院侵权判定中出现较多争议的情形并不少见，因此权利要求的撰写应慎用功能和效果限定。

此外，权利要求的类型应当清楚，明确要求保护的是产品还是方法。一般权利要求中不得使用含义不确定的用语，例如"厚""强""高温"等。也不得出现"例如""最好是"等类似用语，因为这样的用语会在一项权利要求中限定出不同的保护范围。对技术方案进行概括是权利要求撰写常用的技巧，概括的方式通常有两种：一是用上位概念概括，例如用"气体激光器"概括氦氖激光器、氩离子激光器、一氧化碳激光器、二氧化碳激光器等；二是用并列选择法概括，例如"特征A、B、C或者D"。❶

2. 权利要求撰写的三个层次

现实中，部分技术人员认为专利代理人的撰写工作就是简单将技术交底书的内容，按照专利申请的格式进行重新编排而已。但事实上并非如此。专利申请文件的撰写需要较高的功底，既包含对《专利法》的理解，也有对专利审查和专利运用的实践经验或深刻体会。

（1）照搬技术交底书。通过一个较易理解的案子，说明专利申请文件撰写的几个层次。❷ 第一个层次是照搬技术交底书的发明方案。仅在形式上满足了《专利法》和《专利法实施细则》的撰写要求，将技术交底材料按照样式分解到权利要求书、说明书的技术领域、背景技术、发明内容、实施例中。例如在本案例中，代理人从技术交底书中摘取出了一个技术方案撰写了权利要求书，仅包含一

---

❶ 国家知识产权局. 专利审查指南［M］. 知识产权出版社，2010.
❷ 中华全国专利代理人协会. 如何撰写有价值的专利申请文件［M］. 知识产权出版社，2015.

个权利要求——一种灌注管以及负压吸引管的结合体，包括灌注管以及负压吸引管，其特征在于：所述灌注管与负压吸引管通过医用胶带缠在一起；所述灌注管的直径比负压吸引管的直径大；所述胶带是无纺布制成的。

那么如何评价这个权利要求呢？权利要求的保护范围是受其各个技术特征影响的，其包含的技术特征越多，往往保护范围越小。现实中也出现过有的方法权利要求，足足写了几页纸，将每个步骤的具体条件进行罗列，就像我们常见的实验操作步骤，这样的权利要求保护范围肯定是相当小的。《最高人民法院关于审理侵犯专利权纠纷案件应用法律若干问题的解释》第7条规定，人民法院判定被诉侵权技术方案是否落入专利权的保护范围，应当审查权利人主张的权利要求所记载的全部技术特征。被诉侵权技术方案包含与权利要求记载的全部技术特征相同或者等同的技术特征的，人民法院应当认定其落入专利权的保护范围；被诉侵权技术方案的技术特征与权利要求记载的全部技术特征相比，缺少权利要求记载的一个以上的技术特征，或者有一个以上技术特征不相同也不等同的，人民法院应当认定其没有落入专利权的保护范围。这就是侵权判定中的"全面覆盖"原则。当市场上出现了疑似侵权产品时，只有全面覆盖了权利要求中的技术特征，才有可能被认为侵权。就本案而言，也就是说，如果市场上出现了一种结合体，只有同时具备灌注管和负压吸引管通过医用胶带缠在一起、灌注管的直径比负压吸引管的直径大、胶带是无纺布制成这些特征后，才有可能侵犯本专利权。实际上两者是否使用医用胶带、是否是这样的直径关系、胶带是否是无纺布，都不是解决本发明的技术问题所必需的。因此，本权利要求由于写入了大量非必要特征，使得他人很容易避免本专利权，专利权的价值也就大打折扣了。

（2）充分发挥从属权利要求的作用。第二个层次是能够进行初步的上位概括并撰写出从属权利要求。例如在上述案例中，代理人撰写为"权利要求1．一种辅助医疗器械，包括灌注管以及负压吸引管，其特征在于：所述灌注管与负压吸引管通过捆绑部件设置在一起。2．根据权利要求1所述的辅助医疗器械，其特征在于：所述捆绑部件是医用胶带、粘胶条和/或卡持带。"与上述第一层次相比，本次撰写有两个进步：一是用"捆绑部件"对技术交底中的"医用胶带"进行了上位概括，并且删除了胶带的材质以及"所述灌注管的直径比负压吸引管的直径大"等非必要技术特征。二是撰写了一个从属权利要求。

在高价值专利培育过程中，从属权利要求有以个作用。第一，层层递进，利于快速获权。多个从属权利要求技术特征逐渐增多构建出一个体系，当独立权利要求因为不具备新颖性或创造性等原因无法获得授权时，申请人还可以利用从属权利要求与审查员进一步讨价还价，即使第一层级的从属权利要求也不能授权，还可以进一步退守到下一层级的权利要求。第二，利于在无效程序中进行防守。在实质审查过程中，对权利要求书和说明书的修改相对宽松，只要不超出原说明书和权利要求书记载的范围即可。但是如果专利权被他人提起无效宣告请求，那么在无效程序中修改的方式就被严格限制了。因此，如果合理搭建了多层次的从属权利要求，那么一旦被他人提起无效，也会有较大的修改机会。第三，封杀他人的再研发空间。虽然独立权利要求会限定出一个较大的保护范围，但是他人尤其是竞争对手，可在范围内选择某个局部范围进行二次开发再次申请专利权，对于这个局部的技术方案，禁止包括原专利权人在内的任何人实施。因此，如果没有足够的从属权利要求进行防守，容易造成受制于人的局面。第四，在后续的侵权判定和专利许可过程中，从属权利要求会清楚地表明专利权的范围。例如，在王码电脑公司诉东南贸易总公司的专利侵权纠纷案中，一审法院按照等同原则认定东南贸易总公司侵权行为成立，但二审法院却认为不侵权，两次审理经过了5年的时间。如果当时撰写时通过从属权利要求对专利权的保护范围进行进一步明确，就会避免这种权利要求范围的解释争议了。❶ 同样，在将专利权进行转让或许可谈判过程中，较好的从属权利要求层次也会给专利权人带来好处。

从属权利要求的技术特征可以是对独立权利要求增加一个或多个技术特征，也可以是独立权要求中的技术特征进行进一步的限定，这些都会提高专利申请的授权可能性。有时，某技术特征是现有技术但仍有必要写入从属权利要求中。例如，与最终投放市场的完整产品的生产相关且不易绕开的现有技术特征，但该技术特征本身与专利申请的创新之间可能并无关联。某案要求保护一种密封结构，可以采用多种焊接方法生产，但配套的生产线上采用的是激光焊，如果替换其他焊接方法，整条流水线可能需要花费较高的重置成本，此时可以认为该技术特征具有不易绕开的特点，有必要写入从属权利要求中。❷

总之，权利要求撰写过程中要分析发明的技术特征、解决的技术问题、如何产生好的技术效果、本发明的使用者，对申请人及其竞争者的潜在价值。优选的做法是构建一个权利要求树，从较大的权利要求范围到更为具体较窄的权利要求，包含各种可替换选择方案，这样即使审查员找到了一篇意料不到的对比文件驳回了其中较为宽泛的权利要求，专利申请人也留有退路。

（3）理解发明的核心并进行适当扩展。阅读完技术交底书后，往往给人感觉技术交底书中记载的具体技术方案就是要保护的唯一内容，但是在真正理解发明的核心后，代理人才能撰写出好的权利

---

❶ 张忠营. 从属权利要求的作用 [J]. 中国专利与商标，2002（4）：25–29.
❷ 周琪. 浅析从属权利要求撰写中存在的误区 [EB/OL]. 来源：找法网，发布时间：2010–02–24，网址：http: // www. pkulaw. cn/fulltext_form. aspx? Gid = 335593330.

要求书。在大多数情况下，发明人提供的技术交底书仅仅是其认为优选的方案或者其实际获得的具体方案，代理人在撰写权利要求书时应当理解发明的核心，然后重新进行概括和提炼，使发明人的技术方案获得最大程度的保护。

在前述案例中，将灌注管和负压吸引管形成一个整体才是发明人的核心本意，而捆绑部件仅仅是形成整体的一种表现形式。理解了这一点后，权利要求书可以写成如下："权利要求1．一种辅助医疗器械，包括灌注管以及负压吸引管，其特征在于：所述灌注管与负压吸引管并行设置在一起。"然后在从属权利要求中才写入捆绑部件等其他进一步的限定技术特征。

有时候还需要借助代理人的专业帮助，争取合理的保护范围，提高权利的稳定性。例如，2015年，某代理所处理了一件专利申请，其主要内容是一种喷雾剂的组分及制备方法，发明人已经就发明内容发表了大量文章，如果直接申请专利，则无法获得专利权。对此，专利代理人引导发明人改进技术方案，规避相似的文章和专利的影响，通过多次商讨和大量检索以及试验验证，得到了一种全新的技术方案，并就新的技术方案提交了专利申请，该药品面世后将带来巨大的经济效益❶。也就是说，专利代理人不仅将技术交底书变成专利申请的格式，还应从专利审查员的角度进行预判，针对明显不具备创造性的申请，运用自身的专业技能和经验，帮助申请人找到解决方案。

3. 说明书撰写的常见问题

说明书应当包括以下组成部分：技术领域、背景技术、发明内容、具体实施方式。通常而言，将发明人提供的技术交底书中的方

---

❶ 侯静，宋政良．通过"二次创造"提高专利申请质量［N］．中国知识产权报，2016-06-20（5）．

案分别写入这些部分，并不困难。说明书撰写时需要注意的是以下问题。

第一，说明书及附图能够清楚、完整地描述发明，使本领域技术人员能够理解和实施该发明。特别是当发明的技术效果需要通过推导或实验证据加以证实时，要在说明书中明确记载推导过程或者相应的实验证据。

第二，按照《专利法》第59条的规定，说明书及附图可以用于解释权利要求的内容。因此，对于一些权利要求的用语，必要时应当在说明书中进行定义。在国外申请人的发明专利申请中，对权利要求中的所有重要词语在说明书中进行明确定义是相当常见的。在"多功能狗圈"实用新型无效纠纷案[1]中，权利要求记载了技术特征"开口轴套"，但是说明书中却没有对"开口轴套"进行定义，没有记载其具体结构，专利复审委员会最终宣告此专利权无效，一审法院和二审法院都维持了专利复审委员会的决定，其理由就是该特征不清楚，导致权利要求保护范围不清楚。尽管专利权人为了证明"开口轴套"是公知技术，提交了8份专利文件，但仍然不能证明权利要求的保护范围是清楚的。本案就说明当不得已在权利要求书中使用了不常见的术语时，应在说明书中进行定义。在本案中，如果说明书中对"开口轴套"进行了明确定义，那么就不会被无效了。

4. 重要专利撰写前充分检索

如果一项专利申请对本单位有重要意义，那就需要花费更多时间精力做好申请前的检索，做到心中有数，力保专利权的稳定。以下就是一个真实案例。

广州威尔曼药业有限公司（以下简称威尔曼公司）于1997年

---

[1] 张伟相与国家知识产权局专利复审委员会专利无效行政纠纷案二审［EB/OL］．来源：法律快车，发布时间：2010-09-21，网址：http：//www.wangxiao.cn/fanwen/74032046463.html．

提出了名称为"抗β-内酰胺酶抗菌素复合物"的发明专利申请，2000年12月6日获得专利权。针对本专利权，双鹤公司以本专利不具备新颖性和创造性为由，于2002年12月3日向专利复审委员会提出无效宣告请求，并提交了对比文件，是一份德文的学位论文，其中文名称为"舒巴坦分别与美洛西林、哌拉西林和头孢氨噻肟联合使用：在治疗严重细菌感染过程中临床和细菌学方面的研究发现"，其摘要中公开了可以破坏本专利权利要求1创造性的信息。2003年，专利复审委员会做出第8113号无效宣告请求审查决定，以本专利不具备创造性为由，宣告本专利权全部无效。广州威尔曼公司不服第8113号决定，向北京市第一中级人民法院提出行政诉讼，北京市第一中级人民法院维持了此第8113号决定。广州威尔曼公司不服该一审判决，又提起上诉，二审法院撤销了一审判决和第8113号决定。双鹤公司不服该二审判决，向最高人民法院申请再审。最高人民法院认为对比文件1破坏了权利要求1的创造性，最终判决撤销二审判决，维持一审判决和第8113号决定。

在本案中，广州威尔曼药业有限公司在未充分检索国外非专利文献的情况下，投入了大量的研发资源进行长期研究，最终却未获得专利权，这反映了技术研发前和专利申请前对重要专利检索的欠缺。虽然本案中破坏权利要求1的对比文件为德文记载的学位论文，检索难度较大，但是对本行业的研发人员而言，应当清楚国外同行的非专利文献也会记载大量研发信息。对于一份关系到企业重大利益的专利申请而言，应当投入较多的检索力量，对国内外各种类型的专利文献和非专利文献都进行检索。如果本单位没有足够的检索数据库或者检索经验并不丰富，那么对于重要的专利在必要时还应借助专业检索机构的力量。

5. 从无效和法院判决看专利撰写质量

以下从一个案例的后续程序情况来说明撰写质量的重要性。

《专利法》第33条规定，对发明和实用新型专利申请文件的修改不得超出原说明书和权利要求书记载的范围。此处记载的范围包括原说明书和权利要求文字记载的内容，和根据原说明书和权利要求书文字记载的内容以及说明书附图能够直接地、毫无疑义地确定的内容。此条款是驳回和专利权无效的理由之一，在撰写原始申请文件时，应注意此条款的规定。在岛野株式会社与专利复审委员会专利权无效行政纠纷案中，最高人民法院认为，岛野株式会社在提出分案申请时，将权利要求书中的"圆的螺栓孔"修改为"圆形孔"，将"模压"修改为"压制"，不符合《专利法》第33条的规定。此案例就说明了在撰写阶段，其实就圈定了申请文件记载的范围，会给后续的授权、无效和诉讼程序带来直接影响。

6. 总结

如果要培育高价值专利，就应从源头把控专利质量。从专利申请文件的撰写来看，要做到以下几点：第一，做好充分的检索，尤其是对重要的专利申请，厘清发明技术方案与现有技术的区别，是撰写恰当保护范围的基础；第二，在理解发明构思核心的基础上，搭建好"权利要求树"，通过类似"金字塔"式层层递进的方式撰写独立权利要求和从属权利要求；第三，说明书要清楚、完整地公开发明的技术方案，必要时对技术效果要进行理论推导或者数据支撑，对权利要求中的重要或者易产生歧义的术语，在说明书中进行定义解释。

总之，高质量的撰写会大大提高专利权的法律价值。例如，九阳股份有限公司的"易清洗多功能豆浆机"获得专利权后，前后被提起过多次无效宣告请求，几位无效请求人先后使用过美国、欧洲、英国、比利时的专利文献，试图证明权利要求没有创造性。但是，有关此案的六份无效宣告请求决定书都是维持发明专利权全部有效。[1] 这种高质量的撰写使得企业在专利战中保持不败之地。

四、知识产权服务机构的遴选

高价值专利培育的整个过程，知识产权服务机构是非常重要的参与者和支撑力量。知识产权服务业通常分为以下几个类型：知识产权代理服务、法律服务、信息服务、商用化服务、咨询服务以及培训服务等。在整个高价值专利培育的过程中，专利代理服务直接决定了专利申请的文本质量，是决定未来法律保护效应的生死线。知识产权信息服务对于创新点的专利布局、专利运营、专利管理流程规范化等都是重要的支撑服务。知识产权法律服务、知识产权商用化服务等在创新主体的权利保护和运营阶段至关重要。

2012年11月13日，国家知识产权局、国家发展改革委等9部门联合印发了《关于加快培育和发展知识产权服务业的指导意见》。该意见的出台，对国内知识产权服务业和服务机构的发展是一次极大的触动。自2013年以来，国家知识产权局规划发展司已经连续推出3批知识产权服务品牌机构培育工程，从知识产权服务的6大领域，树立服务机构的标杆典型，发挥示范带头作用。至今已超过百家企业入选，并且在我国知识产权服务市场发挥着重要作用。对于希望培育"高价值专利"的创新主体而言，在知识产权服务机构的选择方面，除了品牌资质的考虑。从创新主体自身的研发技术方向、市场发展方向等角度，还需要建立适用于自身发展的服务机构遴选规则。

以遴选专利代理机构为例，在资质确凿，品牌美誉度高的前提条件下，有无本专业背景的高学历代理人，有无本地化的服务和无

---

[1] 中华全国专利代理人协会. 如何撰写有价值的专利申请文件 [M]. 知识产权出版社，2015.

障碍沟通机制，有无国际专利申请的能力（涉及国外专利布局）等，包括收费标准都可以成为专利代理机构入围服务机构的细则。如果创新主体的专利申请量足够多，专利战略已经融入企业经营战略，在遴选专利服务机构的同时，不妨内部培养代理人，其好处在于：足够理解公司的专利战略和经营战略，沟通渠道畅通无阻；企业研发机密的最大程度保护，最大化地结合商业机密和专利战略的运用；人员相对稳定，不涉及商业利益。内部培养专利代理人的典范包括华为公司、中石化集团等。"高质量专利"的诞生往往更多地产生于创新主体内部的专利代理人。

就遴选专利信息服务机构而言，在品牌美誉度高的情况下，由于专利信息服务机构并非像专利代理机构有相关的资质要求。所以更要通过创新主体的仔细甄别来选取最佳合作伙伴。目前，涉足专利信息的知识产权服务机构也越来越多，尤其是知识产权代理机构在专利代理竞争激烈的当下，也纷纷涉足专利信息服务领域。好的专利代理机构是否就等同于好的专利信息服务机构仍值得商榷。建议创新主体遴选专利信息服务机构可以考量如下因素：一是数据源的拥有情况，包括数据源拥有的国家范围，是否包括专利文献和非专利文献等；二是专利信息服务团队的规模、专业背景等；三是IT人员团队的资质和实施能力；四是项目经验，尤其是将专利信息分析应用结合产业发展的相关经验等。当然，收费标准也会同样成为创新主体的考虑因素之一。

专利信息服务从大的范围来说，包含专利信息的咨询服务和专利信息化服务，两个类别的实施团队差别还是很大的。前者考察的是专业背景的匹配度，数据库的检索和分析能力，对于专利布局的掌握等。后者考察的是IT信息化的开发能力，对于类似项目的实施能力等。专利信息应用是"高价值专利"培育中重要的环节，专利信息的基础工作创新主体也应该涉足，这样和专利信息服务团队的沟通会更加顺畅。创新主体可以考虑实施的是专利信息检索分析平台、专利全生命周期管理信息化平台的内部实施。通过部署和使用专利信息系统，创新主体对专利信息应用建立了基础的认识和应用。这对于和知识产权服务机构进行沟通和开展深层次的挖掘具有非常大的帮助。

五、高价值专利培育的成本解析

高价值专利培育的过程包含了技术创新、信息利用、战略布局、专利保护、转化运营等环节，是以地方产业发展为导向，充分考量技术发展前景，在具有前瞻性的战略筹划下，以高新技术创新为基础来予以开展。由此可知，创新主体的高价值专利培育并非平地起高楼，而应当具备较好的创新基础，并配备相应的研发团队。此外，高价值专利的培育也绝不可能一蹴而就，从技术的研发到战略布局，从专利申请到知识产权的转化运营，均需要不同的专业团队紧密配合，勠力同心。高价值专利培育过程中从基于信息利用的战略筹谋，到培育工作支撑层面基础设施资源配备、团队建设，以及到高价值专利培育实施层面的专利布局、专利申请以及转化运营等，都需要投入大量的人力、物力以及财力。因此，当创新主体决定要实施高价值专利培育计划时，应当从战略保障上对运行高价值专利培育体系的成本有清醒的认知，并建立相应的保障体系。具体而言，高价值专利培育的成本构成主要包括以下几个方面。

（一）创新主体内部知识产权管理人员的配备和能力提升

从高价值专利培育工作的纵向分析，培育过程的知识产权管理包括选题立项前的创新准备、阶段性研究成果的知识产权保护，以及创新成果产业化的全过程。从高价值专利培育工作在突破技术难点、推动地方产业发展的横向过程分析，高价值专利培育过程中的知识产权管理应与创新主体的生产经营活动密切相关。对内而言，创新主体各部门或各个团队之间应当协同配合；对外而言，高价值专利培育过程中需进行技术人才引进、风险管理等人、财、物、信息的交互活动。因此，高价值专利培育过程中的知识产权管理是一项非常复杂的系统工程，需要建立知识产权管理机构，并且配备专业的工作人员，或者委托专业的服务机构对高价值专利培育过程中的知识产权进行管理。

根据创新主体的知识产权现状，知识产权管理机构的人员数量一般为3~5名，包括1~2名具有体系管理经验的人员，以及2~3名具有一定专利信息检索、分析技能，且具有相应专业技术背景的工作人员。前者负责知识产权管理体系的构建，确保高价值专利培育过程的相关知识产权事项处于受控状态，及时发现知识产权管理体系的问题并持续改进。后者负责实时跟踪创新小组的技术研发进程，在督促、推进高价值专利培育项目开展的同时，配合创新技术人员提供知识产权基础支持，与专利信息分析利用小组以及专利代理小组保持密切联系，保障高价值专利培育过程相关问题的及时沟通，相关信息的及时交互。因此，对于决定实施高价值专利培育的创新主体而言，在内部知识产权管理方面至少需要组建一支集管理、体系构建以及信息运用的专业团队，人员规模在3~5名。此外，还要适时对内部的知识产权管理人员进行专业培训。

（二）单位内部基础条件建设

在全球经济一体化的形势下，信息资料的收集、传递以及管理显得至关重要，在高价值专利培育过程中，内部信息化基础设施的配备同样是确保项目有效开展的关键。在高价值专利培育的技术创新过程中，实时进行跟踪检索，对技术领域、竞争对手的专利信息以及非专利信息的获取，是高价值专利培育路线设定的关键基础，这就需要倚赖于知识产权检索平台。而数据源的高质、完备是检索平台选择首要考虑的问题，目前的免费数据共享平台无法满足在全球信息竞争大环境下对数据源的质量要求。相对而言，高价值专利的培育项目更需要通过高质的商业数据库检索获取信息以进行研发辅助，这就会产生一笔商业数据库订阅费用。而某些技术研发领域（如医药领域）对信息检索的要求存在其特殊性，则需要购买更多专业的数据库，相应的数据库订阅费用预算会更高。

除信息获取的相关内部基础建设以外，在高价值专利培育过程中还有必要搭建知识产权全生命周期平台，对相关的知识产权信息进行管理，对高价值专利培育过程中的知识产权全生命周期进行管控，对高价值专利全生命周期的相关过程文件进行规范管理，为高价值专利培育创新性的研究提供重要的参考材料。这部分也应作为创新主体实施高价值专利培育的基础建设费用预算。

此外，在高价值专利培育的过程中，专利管理人员应当积极主动地用这些先进的数据库和平台进行采购、学习，提高知识产权信息化工具的使用价值与效率，提高单位内部的知识产权管理水平。

（三）创新主体外协服务的经费列支

高价值专利的培育需要的不仅仅是优秀的技术研发，此外，专利信息的充分利用、专利申请文件的高质撰写、专利战略布局的实施都是高价值专利培育过程中所不可或缺的。然而，高质量的专利信息检索分析、成功的专利申请文件的撰写以及专利战略布局方案的形成都需要专业服务机构的参与。

在高价值专利技术选题立项之初，需要进行全面的专利检索分析，确定较为合适的技术研发点，以及较为准确的技术研发路线；在技术研发的过程中需要定期进行信息监控预警，形成专利预警分析报告；在高价值专利培育过程中需要及时地确定研发过程中产生的研发成果的知识产权保护方式，通过专利布局分析，根据专利布局方案确定专利申请方案。在这些过程中每年都将产生一笔信息获取和分析的费用，这笔费用可能包括外文文献翻译与分析费用、产业专利竞争态势分析费用、专利布局方案策划费用等。

高价值专利培育过程中产生的研发成果还需要及时地确定其保护方式，如果确定采用获取专利权的方式获取保护，那么在专利申请之前需要进行专业的专利申请前预检索，一方面进行查新检索，确定相关技术的可专利性；另一方面针对具有授权前景的专利进行合适的申请方案设定，确定适宜的权利要求保护范围、专利申请时机以及专利申请地域等。因此，从技术成果到形成专利权利的过程中所可能支付的费用还包括预检索费用、专利代理申请费用等。此外，还需要充分考虑高价值专利后期运营过程中的成本投入，包括专利转化过程中的尽职调查以及与专利价值评估相关的费用。

高价值专利培育工作是一个持续进行技术挖掘、研发、布局以及运用的循环过程，仅对于一个周期的专利培育而言，从技术研发到最后创新成果的转化就需要至少3年左右的时间。然而根据《专利法》审查流程的规定，经过3年的高价值专利培育并不一定能够立刻实现预期的价值，而更可能的是仅仅产生相应的专利成果，高价值专利的形成需要更加长远、持续的培育。由此看来，高价值专利培育不管是人力、物力、财力成本还是时间成本都是相对比较高昂的。因此，需要决定实施高价值专利培育的创新主体应结合单位实际情况，充分考虑高价值专利培育成本以及后期产出，以便做出更为准确的选择。

六、高价值专利培育流程规范化

高价值专利培育是一项探索性的工作，尽管在培育的关键环节上都有共通之处，但各个培育中心在实践的过程中，因为中心内部的管理体系、中心主体性质（企业、高校、科研院所）的差异，其管理流程会表现出非常明显的个性化特征。而在这个高价值专利培育的过程中，会有多个部门甚至多个机构的参与，在这种情况下，各个培育中心需要建立《高价值专利培育管理规范》，用以支撑培育工作的贯彻实施。

此外，高价值专利培育是一个持续性的过程，《高价值专利培育管理规范》的作用在于对培育过程中的每个环节、不同角色的职责进行细化，通过固化操作流程的方式来形成中心内部的操作规范，以此保证高价值培育工作的持续性，支撑培育中心把高价值专利培育工作辐射到更多的重大项目中。

七、高价值专利指标体系

专利作为保护技术/产品的重要载体，其价值会随着市场和技术的革新不断变化，此时，如果可以把指标体系与信息化结合，通过信息化手段对专利的指标参数进行实时更新，真正实现对专利价值的动态监控。

随着《高价值专利培育管理规范》的落实，高价值专利会持续产出。如何有效地对已产出的高价值专利进行管理以及运用，是高价值专利转化实施过程中的重要环节。因此，一套适应高价值专利培育中心自身特点的专利指标体系，可以帮助管理人员从不断积累的存量专利中快速地筛选出核心专利，通过指标体系的打分，实现培育中心的专利分级分类管理。该指标体系不以评估专利的价格为最终目的，通过融入更多如行业特色、产业化、培育中心自身特点等个性化参数，为专利管理及实施运用提供有力的信息支撑。

第四章

高价值专利培育的基本维度

2015年4月15日,江苏省启动高价值专利培育计划,旨在培育一批技术创新难度高、保护范围合理稳定、市场发展前景好、竞争力强的高价值专利,更好地发挥专利对经济转型和产业升级的支撑作用。❶ 2015年,江苏省专利申请量和授权量、发明专利申请量、企业专利申请量和授权量连续六年保持全国第一位,发明专利授权量首次居全国第一位。❷ 与普通的专利相比,高价值专利在技术本身的价值、专利申请文件的质量以及技术在市场的应用等方面存在较大差异。基于此,本章结合高价值专利的法律属性、技术属性和市场属性三个方面的内容,重点对高价值专利培育的相关问题思考如下。

第一节 高价值专利培育的法律维度

专利价值尤其是高价值的实现,亟须知识产权法律保护力度的不断提高。从某种意义上讲,严格的知识产权保护,不仅提升了专利侵权的经济成本,也为高价值专利的培育提供了良好的保护氛围。以下将从专利诉讼、侵权损害赔偿等方面,分析美国与中国高价值专利培育的制度环境。

一、美国专利侵权损害赔偿

(一) 专利诉讼的爆炸性增加

从专利的法律属性来看,专利权作为一种"推定性"的权利,

---

❶ 张锋. 江苏启动高价值专利培育计划 [EB/OL]. 来源:国家知识产权局,发布时间:2015 - 04 - 17,网址:http://www.sipo.gov.cn/dtxx/gn/2015/201504/t20150417_1103478.html.

❷ 黄红健. 江苏启动2016年度高价值专利培育计划 [EB/OL]. 来源:国家知识产权局,发布时间:2016 - 02 - 06,网址:http://www.sipo.gov.cn/dtxx/gn/2016/201602/t20160217_1240298.html.

其价值仍有待后续诉讼的最终检验。从专利诉讼角度研判专利的质量，主要包括了两个维度：一是攻击性，即专利是否具备起诉第三方的能力，其评估的主要指标是看权利要求的覆盖范围；二是稳定性，即专利权是否能够经得起专利权无效宣告请求的检验。在专利侵权诉讼中，由原告负责举证证明被告的产品落入涉案专利的权利要求保护范围之中；而被告则通常会提出专利权无效宣告请求，提供现有技术证据证明在涉案专利之前，已经有类似的发明创造。❶

国际专业咨询机构普华永道（PWC）公布了《2014年美国专利诉讼研究》研究报告，根据美国专利商标局的《执行和会计报告》和美国法院的《司法事实和数据》，统计了1991—2013年美国专利授权数量和专利诉讼数量的变化情况（如图4-1所示）。1991—2013年，美国专利授权量和专利诉讼案件数量持续增长。美国法院在专利诉讼中支持的年度损害赔偿数额，摇摆于210万美元和1670万美元之间。在过去19年间，法院在专利侵权案件中判赔的平均数额为550万美元。2013年的损害赔偿平均数为590万美元。❷

（二）联邦巡回上诉法院的成立

1982年，美国联邦巡回上诉法院（以下简称CAFC）的设立，对专利权人予以极大的捍卫，增加了故意侵权者的申请风险。CAFC最为人熟悉的职能是作为对专利确权、侵权诉讼的专属上诉法院。它受理来自美国专利商标局（PTO）的关于专利审查案件、美国联邦地区法院（DCT）专利侵权案件和来自美国国际贸易委员会

---

❶ 龙翔. 专利收购中如何进行专利质量评估？[EB/OL]. 来源：中国知识产权网，发布时间：2016-07-14，网址：http://www.cnipr.com/sy/201607/t20160714_197911.htm.

❷ 张韬略. 1995—2013年美国专利诉讼情况实证分析[EB/OL]. 来源：国家知识产权局，发布时间：2015-05-25，网址：http://www.sipo.gov.cn/zlssbgs/zlyj/201505/t20150525_1122370.html.

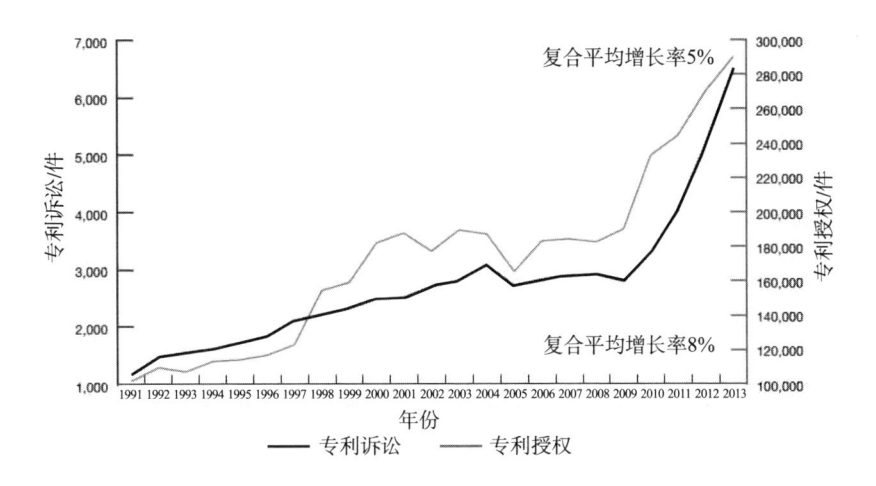

图 4-1　美国的专利授权数量和专利诉讼数量的变化情况（1991—2013 年）

（ITC）的"337 调查"案件的上诉。自其成立以来，美国联邦巡回上诉法院审理的案件大约有三分之一涉及专利。CAFC 关于专利案件的许多重要判决在美国专利制度的发展中起了重要的作用，基本实现了"通过引用统一的理论标准来确保判决结果的可预见性"的目的。[1]

2016 年 6 月 14 日，联邦最高法院对 Halo 公司诉 Pulse 公司，以及 Stryker 公司诉 Zimmer 公司两起案件作出判决，降低专利持有者证明故意侵权以及增加赔偿金的难度。最高法院废除了联邦巡回上诉法院"过于严格"的故意侵权测试，根据联邦巡回上诉法院的标准，即使那些"肆意和恶意"盗取专利所有者创意和业务的侵权者也有可能逃避支付惩罚性赔偿金的责任。最高法院关于故意证明和惩罚性赔偿金的意见强调了知识产权的重要性和价值，发出了一个明显信号，即故意侵权行为不会再被纵容。通过恢复地方法院惩罚性赔偿金的裁决权，确保"一切故意侵权行为"都会受到惩罚，以

---

[1] 宋建宝. 美国专利司法专业化进路及其借鉴 [N]. 人民法院报，2015-04-24（8）.

此制止故意侵权行为。[1]

（三）对"专利流氓"的法律规制

美国的亲专利政策、高额的司法审判成本以及损害赔偿制度的共同作用，有助于高价值专利的培育和价值实现。另外，美国专利系统的"改革"也产生出了大量的"创新税"，这些"创新税"困扰着美国一些最重要和最有创造力的公司。[2] 一个典型的现象就是"专利流氓"（Patent Trolls）的诉讼讹诈。专利流氓又称"专利蟑螂""专利鲨鱼"，是指那些本身并不制造专利产品或者提供专利服务，而是从其他公司、研究机构或个人发明者手上购买专利的所有权或使用权，然后专门通过专利诉讼赚取巨额利润的专业公司或团体。"专利流氓"一词起源于1993年的美国，最早是用来形容积极发动专利侵权诉讼的公司，这样的专利公司往往具有很强的寄生味道。其主要特征是以低价向破产的公司购买专利；自己不生产产品；购买重要专利来控告大公司；暗中出击。

据报道，美国一家专利持有公司"Network – 1 Technologies"将苹果告上法庭，理由是侵犯该公司一项专利。苹果已经和该公司达成和解协议，赔偿2500万美元。"专利流氓"已成为美国乃至全世界科技行业人人喊打的"过街老鼠"。这些企业没有投入资源研发最新技术，而是利用专利制度的漏洞，牟取利益。[3] 在美国，大量专利诉讼的幕后均是由"专利流氓"在操控（见表4-1），他们"劫持"他人创意再通过专利诉讼牟取暴利，严重扰乱了美国的专

---

[1] 美国最高法院加大故意侵权者逃避责任的难度［EB/OL］. 来源：国家知识产权局，发布时间：2016 – 06 – 17，网址：http://www.sipo.gov.cn/wqyz/gwdt/201606/t20160629_1277470.html.

[2] 亚当·杰夫，乔希·勒纳. 创新及其不满［M］. 罗建平，兰花译，中国人民大学出版社，2007：14.

[3] 晨曦. 这家"专利流氓"公司 如愿从苹果身上敲走了2500万美元［EB/OL］. 来源：腾讯科技，发布时间：2016 – 07 – 10，网址：http://tech.qq.com/a/20160710/008919.htm.

利体系。针对日益猖獗的"专利流氓"问题，奥巴马政府发布一揽子新规，包括5项行政令以及7项立法建议。5项行政令即明确专利申请者和所有者的背景、限制功利性的专利申请、鼓励专利下游使用者的发展、扩展专业化服务和研究以及强化执行例外条款。7项立法建议包括要求专利所有者和申请者揭露"幕后利益人"、扩大对胜诉方赔偿的司法裁量权、扩展美国专利局的业务范畴等。❶

表4-1 实体企业遭遇"专利流氓"诉讼案件表（2009—2013年上半年）

排名	公司	案件数
1	苹果	171
2	惠普	137
3	三星	133
4	AT&T	127
5	戴尔	122
6	索尼	110
7	HTC	106
8	Verizon	105
9	LG	104
10	Google	103
22	华为	54
30	联想	47

（来源：Patent Freedom）

随着专利投机型 NPE 的不断增多，各国政府和企业都如临大敌，在市场上另外一种称之为防御型的 NPE 也应势而生。例如，专利收购组织 AST（Allied Security Trust）、RPX（Rational Patent Exchange）等。和传统的攻击型 NPE 不同的是，它们的主要目的是帮助成员应对可能带来的专利辩护以及诉讼的高成本和高风险。通过并购从外部获取专利，建立相应的专利资源库，当其成员受到专利

---

❶ 美行政立法并举遏制"专利流氓"［EB/OL］．来源：法制日报-法制网，发布时间：2013-06-11，网址：http：//www.legaldaily.com.cn/index/content/2013-06/11/content_4549599.htm? node=20908.

威胁的时候，利用其专利资源帮助成员进行反诉，减小或者消除威胁。此外，成立于2000年的高智公司（Intellectual Ventures），凭借强大的资源在NPE群体中迅速崛起，并于2008年进入中国市场。尽管高智公司创始人梅尔沃德（Myhrvold）在多个场合宣称"高智公司并非'专利流氓'，只是希望为发明者建立一个类似风险投资与创业公司关系的资本市场"，但这样的表态仍然难以平息公众对NPE的议论和指责的声音。❶ 更多企业的巨额耗费，是在应对专利流氓所持有的高质量专利上。这些高质量专利不会因多方复审程序或Alice案的判决而被无效。目前，仍有许多高风险专利每年由NPE买下并主张权利。因此，企业面对来自NPE的专利诉讼风险仍然不小。❷

二、中国专利损害赔偿制度

知识产权保护呈不断加强的趋势，侵权者赔偿额度的不断提高，实质上是迫使侵权者坐回到谈判桌上和权利人进行谈判的重要保障机制，也是促使权利人积极向整个产业推广"非独占许可"的催化剂。目前，我国知识产权损害赔偿过低的问题非常明显，侵权违法成本过低，反而助长了侵权者的嚣张气焰。❸ 知识产权"侵权易、维权难"，已经成为高价值专利培育的核心问题。

（一）损害赔偿数额偏低的现状

我国现行《专利法》明确了专利侵权损害赔偿的计算顺序。其中，《专利法》第65条规定："侵犯专利权的赔偿数额按照权利人因被侵权所受到的实际损失确定；实际损失难以确定的，可以按照

---

❶ 警惕！专利战场里的多面"专利流氓"［EB/OL］. 来源：国家知识产权局，发布时间：2013-02-21，网址：http://www.sipo.gov.cn/wqyz/dsj/201302/t20130227_786317.html.
❷ 吴艳. 跟"专利流氓"死磕到底［N］. 中国知识产权报，2016-06-08（5）.
❸ 高友东. 知识产权损害赔偿过低［N］. 北京晚报，2017-03-12（5）.

侵权人因侵权所获得的利益确定。权利人的损失或者侵权人获得的利益难以确定的，参照该专利许可使用费的倍数合理确定。赔偿数额还应当包括权利人为制止侵权行为所支付的合理开支。权利人的损失、侵权人获得的利益和专利许可使用费均难以确定的，人民法院可以根据专利权的类型、侵权行为的性质和情节等因素，确定给予一万元以上一百万元以下的赔偿。"此外，最高人民法院还通过《关于审理专利纠纷案件若干问题的解答》，就专利侵权的损害赔偿问题具体提出了三种计算方法。

目前，学界普遍认为我国《专利法》规定的损害赔偿额度过低，不利于专利权的有效保护，也不利于高价值专利的培育与运营。例如，李明德教授认为知识产权侵权屡禁不止，原因之一是损害赔偿的数额过低，不足以有效威慑侵权行为。我国目前有关知识产权损害赔偿的认定方式，通常采用"填平原则"，即权利人损失多少，法院责令被告补偿多少。❶ 此外，中南财经政法大学知识产权研究中心的研究显示，在我国商标侵权和专利侵权案子中，"法定赔偿"所占的份额更是分别高达 97.63% 和 97.25%。吴汉东教授认为，"过多适用法定赔偿方法，是中国司法机关对于知识产权损害赔偿的断定方法和数额核算的一个特色"。损害赔偿数额核算偏低，是司法机关审理知识产权案子中的另一个特色。吴汉东指出，中国 97% 以上的专利、商标侵权和 79% 以上的著作权侵权案的平均赔偿额分别为 8 万元、7 万元和 1.5 万元。这与美国等西方发达国家动辄几万美元到几十万美元的版权损害赔偿数额、动辄几百万美元到几千万美元的专利损害赔偿数额，形成了鲜明对比。损害赔偿数额偏低的原因，首先是知识产权本身商业价值不高，即高水平、

---

❶ 李明德. 知识产权侵权屡禁不止 原因之一是损害赔偿的数额过低 [J]. 河南科技，2016（8）：6.

高价值、高效益的知识产权为数不多,尚不足以构成大规模高赔偿额裁判的价值基础。此外,我国知识产权损害赔偿的认定未能借鉴专业化的无形资产评估方法,以保证判赔数额认定的科学性。❶

(二) 提高法定赔偿上限的趋势

2015 年,国务院法制办公室就《中华人民共和国专利法修订草案(送审稿)》向社会公开征求意见。草案强化了对侵权行为的处罚力度,在第 68 条增加了故意侵犯专利权的惩罚性赔偿,同时提高法定赔偿上限。"对于故意侵犯专利权的行为,人民法院可以根据侵权行为的情节、规模、损害后果等因素,在按照上述方法确定数额的一倍以上三倍以下确定赔偿数额。赔偿数额还应当包括权利人为制止侵权行为所支付的合理开支。权利人的损失、侵权人获得的利益和专利许可使用费均难以确定的,人民法院可以根据专利权的类型、侵权行为的性质和情节等因素,确定给予十万元以上五百万元以下的赔偿。"

2015 年底,李克强总理主持召开国务院常务会议,决定改革完善知识产权制度,实行更加严格的知识产权保护。这是 2015 年以来国务院常务会议首次将知识产权保护作为一项单独议题予以部署。特别是在互联网迅猛发展的今天,创新成果很容易被他人"复制粘贴"。如果不用严格的知识产权保护制度约束这种"搭便车"行为,企业创新投资就很难得到应有回报。针对当前中国知识产权维权的"痛处",明确要完善快速维权机制,加大侵犯知识产权行为查处力度,提高法定赔偿上限,将故意侵权纳入企业和个人信用记录等。❷

---

❶ 邢丙银. 破解"赢了官司丢了市场",专家建议知识产权案依市场价值赔 [EB/OL]. 来源:中国法院网,发布时间:2016 – 04 – 23,网址:http://www.chinacourt.org/article/detail/2016/04/id/1844923.shtml.
❷ 李晓喻. 中国官方挥出知识产权保护"组合拳" [EB/OL]. 来源:中国政府网,发布时间:2015 – 12 – 10,网址:http://www.gov.cn/zhengce/2015 – 12/10/content_5022060.htm.

2016年4月19日，国务院新闻办公室举行2015年中国知识产权发展状况新闻发布会，国家知识产权局局长申长雨回答记者提问表示："要解决好重点环节和重点领域知识产权保护问题。关于重点环节的知识产权保护，主要包括四个方面：一是修改完善知识产权的相关法律法规，从制度层面解决好知识产权维权过程中存在的周期长、成本高、赔偿低、效果差、举证难等问题。二是注重源头治理，提高知识产权审查的质量和审查效率，提高知识产权权利的稳定性和授权的及时性，从源头上保护好知识产权。三是进一步完善快速维权机制，为权利人提供更加高效、便捷、低成本的维权渠道。四是做好海外的知识产权维权援助工作，帮助企业'走出去'，实现国际化发展。"❶

在2017年"两会"期间，全国人大代表、格力电器董事长董明珠女士表示，当前，中国经济面临转型的紧要时期，经济转型能否成功关键在于企业的创新能力。因此加强知识产权保护是实施创新驱动发展战略、建设创新型国家的关键要素之一。当前的知识产权侵权案件面临着审理周期长、流程复杂；专利侵权赔偿额度低、侵权人违法成本低；商标侵权案件判罚赔偿额偏低，违法成本低等三重困境。建议将专利侵权的法定赔偿额的上限提高到300万元。❷

三、国内外制度比较及启示

自20世纪80年代末至今，美国亲专利政策与美国的经济发展及法律体制相适应，产生了巨大的经济和社会正效应，也不可避免

---

❶ 将从四方面加大力度加强知识产权保护［EB/OL］. 来源：国新网，发布时间：2016 - 04 - 19，网址：http://www.scio.gov.cn/xwfbh/xwbfbh/wqfbh/33978/34412/zy34416/Document/1474890/1474890.htm.

❷ 董明珠：应将专利侵权的法定赔偿额的上限提高到300万元［EB/OL］. 来源：中国经营网，发布时间：2017 - 03 - 13，网址：http://www.cb.com.cn/guojijingji/2017_0313/1179153.html.

地产生了一系列的负效应。正如《创新及其不满》一书中所展示的，20世纪80年代末期开始的法律变革使得专利系统从一个创新激励器，转变为一个威胁创新过程本身的诉讼和不确定性发生器。❶ 通过限制对专利有效性的挑战，对专利持有人更强大的补偿措施，加强禁令救济，以及在专利审理中日益增强对陪审团的依赖等方面，对高质量专利的培育乃至整个专利法律制度和创新系统都带来重大影响。近年来，美国已经开始从以前单纯强化专利权向强化创新转变。❷

美国极为严格的专利保护制度一方面为高质量专利的培育营造了良好的法律环境，同时也为"专利流氓"的滋生与扩张提供了温床。值得注意的是，美国专利市场上涌现出各种旨在抵御"专利流氓"诉讼攻击的"防御性专利聚合"（Defensive Patent Aggregator）。进攻性专利聚合（Offensive Patent Aggregator）呈现出阻碍或者破坏专利市场的表现，而防御性专利聚合有助于降低诉讼威胁，也可能通过串通价格对抗外在竞争者而形成垄断。各国基于不同发展阶段所作出的政策选择，使得专利中间商的运营与专利制度的宗旨保持一致性。❸

从我国《专利法》规定的侵权损害赔偿制度来看，业界普遍认为赔偿额度偏低，不利于对专利权人的救济，也使得高价值专利的法律价值难以凸显。因此，无论是修法背景还是官方表态，均预示着提高法定赔偿上限已是大势所趋。在高价值专利的培育过程中，严格的知识产权保护是价值实现的法律前提。通过加强知识产权的保护，才能更好地助力高价值专利的实现。

---

❶ 亚当·杰夫，乔希·勒纳. 创新及其不满［M］. 罗建平，兰花译，中国人民大学出版社，2007.

❷ 丁道勤. 美国亲专利政策的司法变迁及其启示［J］. 云南大学学报（法学版），2014，27（5）：158–162.

❸ 张小敏，孟奇勋. 专利中间商——创新催化剂抑或市场阻碍者［J］. 中国科技论坛，2014（3）：142–147.

第二节 高价值专利培育的技术维度

"高价值专利"培育项目实施以来，在知识产权强国建设的背景下影响颇深。各个省份也相应出台了类似的项目设计，进一步鼓励创新主体重视专利的质量提升。但有必要指出的是，"高价值专利"项目的未来，绝对不能停留在各地政府的项目设计体系中，亟需走向社会，形成社会普遍认知，从而让创新主体自发地形成专利质量提升的行为规范。因此，围绕"高价值专利"培育的宣传、培训、推广活动是助推社会对于"高价值专利"普遍认知的重要手段。2015年《江苏省高价值专利培育计划组织实施方案（试行）》明确，围绕建立完善组织管理体系、加快专利信息传播利用、深化专利竞争态势分析、加强专利技术前瞻性布局、强化研发过程专利管理、建立专利申请预审机制、提升专利申请文件撰写质量、加强专利申请后期跟踪等八方面内容。[1] 以下重点以技术开发和申请阶段为例，对如何形成高价值专利的社会普遍认知予以分析。

一、加强技术价值挖掘

高价值专利大多是发明创新难度大的技术。一件专利的价值跟技术本身有必然联系，没有好的技术，其专利价值一定好不到哪里去。每项创新技术应用的领域、在产业链的地位差异、技术相关产品在市场上的需求量，都会影响到技术本身的价值。因此，技术的价值是专利价值的基础，这是大家对专利价值的普遍认识，也得到

---

[1] 张锋. 江苏启动高价值专利培育计划 [EB/OL]. 来源：国家知识产权局，发布时间：2015-04-17，网址：http://www.sipo.gov.cn/dtxx/gn/2015/201504/t20150417_1103478.html.

专利申请人的广泛认可。❶ 企业、高校和科研院所等在作为创新主体从事高价值专利的培育时，首先需要注意加强对技术价值的多元化挖掘，包括技术在不同区域、不同产业链所呈现的价值。

创新主体在技术研发或产品开发的过程中，需要对专利挖掘技术予以灵活运用。在专利挖掘中，常见的解决技术问题的方法有以下几种：基于所需知识、头脑风暴法、基于技术研发以及 TRIZ 理论等。❷ 通过对取得的技术成果从技术和法律层面进行剖析、整理、拆分和筛选，从而确定用以申请专利的技术创新点和技术方案。简言之，就是从创新成果中提炼出具有专利申请和保护价值的技术创新点和技术方案。❸ 高价值专利的挖掘处于企业专利工作流程的前端，对后期的专利管理、运用和保护具有深远的影响，是企业专利工作的基础，有利于实现专利技术商业收益最大化和侵权风险最小化的目标。

以高智发明公司（Intellectual Ventures，以下简称高智公司）为例，坐拥 50 亿美元资金，高智公司目前掌握了 3 万多项专利，覆盖通信、电信、计算机、新能源、材料学、食品加工和安全、医疗器械等多个领域。作为纯粹的专利挖掘者，高智公司仅仅通过经营专利盈利，而大量技术依赖型企业害怕成为它的诉讼对象。从专利挖掘的商业意图来看，高智公司所做的是一种高附加值的工作，而其合法的商业行为，有利于促进国内的专利意识，特别是对方专业化程度很高，更需要国内企业提高对专利的风险意识。其风险在于，诸如高智公司这样的公司在某个产业链内一旦形成垄断局面，就有

---

❶ 华冰. 谁影响了专利的价值 [N]. 中国科学报，2015 – 11 – 09（8）.
❷ 郭大为. 专利挖掘中如何解决技术问题 [EB/OL]. 来源：IPRDAILY，发布时间：2017 – 01 – 02，网址：http://www.iprdaily.cn/news_15172.html.
❸ 刘明，寇晖. 专利挖掘五步法 [EB/OL]. 来源：中国知识产权网，发布时间：2016 – 12 – 27，网址：http://www.cnipr.com/yysw/zscqsqzc/201612/t20161227_200482.htm.

可能使促进创新的模式变为创新的阻碍。❶

实践中，高价值专利培育在专利挖掘方面也可能存在误区。一是认为专利的技术含量必须非常高，事实上，能否获得专利授权的依据是专利法对专利的审查标准，而非"技术含量"的高低。二是认为简单的结构不能申请专利。简单的结构更应该通过专利进行保护，防止竞争对手仿制。三是必须做出样品才能申报专利。发明、实用新型、外观设计都是一种技术方案，这种可以进行表述的技术方案往往不是样品、样机的状态。四是一个产品一件专利。新产品研发一般需要攻克多项的技术点。每件专利往往是针对产品的一个技术点。新产品研发过程往往涉及多项技术点。五是软件产品不能申报专利。软件著作权登记具有一定的局限性，软件的专利申请保护在很大程度上弥补了这一不足。❷

二、重视专利组合布局

专利组合一般是指单个企业或多个企业为了发挥单个专利不能或很难发挥的效应，而将相互联系又存在显著区别的多个专利进行有效组合而形成的一个专利集合体。Wagner（2004）进一步系统提出了专利组合理论。他认为，以单项专利为主导的时代已经过去，在新的专利世界中整体（专利组合）的价值将远远大于局部（单项专利）价值之和，不断扩张的专利申请活动正是企业普遍实施专利组合战略的必然结果。❸ 专利组合就如同一串珍珠项链，串起来的价值远大于单个珍珠价值的珍珠项链，其织造体现了企业的商业运

---

❶ 王珂. 专利战争中的专利挖掘者［EB/OL］. 来源：中国知识产权网，发布时间：2011-12-26，网址：http://www.cnipr.com/focus/sdbd/201112/t20111226_140087.html.

❷ 专利挖掘常见的几大误区［EB/OL］. 来源：崇德广业，网址：http://www.homoral.com/content/122.html.

❸ 刘林青，谭力文. 国外"专利悖论"研究综述——从专利竞赛到专利组合竞赛［J］. 外国经济与管理，2005，27（4）：10-14.

营策略。商业策略是专利组合的灵魂，专利组合是商业策略的体现。❶

一般而言，单个专利在技术保护方面存在着明显的局限性，而专利组合的好处就在于，能够通过一个群组的专利来覆盖创新技术的核心专利，以及通过各种优化改进、技术结合、应用扩展等延伸出来的新的技术方案而生成外围专利。以"微软并购诺基亚"为案例，2013年9月3日，微软以72亿美元收购诺基亚公司设备和服务业务，在微软的72亿美元中，其中50亿美元用于收购诺基亚的设备业务，21.8亿美元用于支付诺基亚的非独占专利许可费。诺基亚的专利组合包括3万件功能专利、8500件设计专利，而目前只有10%对外授权，也就是说，还有90%的专利组合等待更高的专利许可回报，业界普遍认为微软、诺基亚的联合会成为凭借强大专利组合而形成的巨大专利提款机。❷

因此，创新主体有必要进一步转变技术研发的传统观念，打破固有的专利申请作业模式，以产品系列或研发项目为单位，经营策略主管参与，企业研发工程师、知识产权管理人、专利代理人、营销团队等共同组建项目团队，来提升"海内外专利布局"的质量，产生更多优质的高质量专利和专利组合。布局不同研发项目主体对应成系列的专利申请组合，布局多个专利、多项权利要求组合相互交叉交融没有漏洞的专利申请组合，布局产业链、供应链、价值链体系中关键卡位的专利组合等，来实现高质量专利的组合布局。❸

组合专利的价值正在增长，单个专利的价值正在降低。市场更偏好高质量的专利组合，这些专利组合有使用证据的支持，并且符

---

❶ 专利组合：团结就是力量 [EB/OL]. 来源：国家知识产权局，发布时间：2014 - 04 - 02，网址：http://www.sipo.gov.cn/wqyz/dsj/201404/t20140424_938562.html.
❷ 何春晖. 专利唯有组合才有价值 [N]. 经济日报，2014 - 06 - 11 (16).
❸ 何青瓦. 打破固有专利申请模式 提升企业专利布局质量 [N]. 中国知识产权报，2014 - 08 - 27 (11).

合前面专利价值定义的标准,因而有潜力变得极具价值。❶ 作为现代企业获得竞争优势的核心手段,专利组合的作用毋庸置疑。但需要强调的是,构建高价值的专利组合不仅需要"量"更需要"质",再好的商业策略或者经营理念,没有好的专利质量作为根基都可能成为空中楼阁,因此,对质的把控要放在专利组合的核心位置。❷

三、引导理性资助申请

专利资助政策是国家和地方政府积极运用财政政策的调控功能,以政府财政专项费用的形式补贴专利申请、审查和维持费用,促进专利事业发展的一项重要举措,也是各国在专利费用制度之外普遍采用的一种弥补专利制度不足的措施。我国大多数地方政府都制定和实施了政府公共财政资助专利费用的政策。目前,我国地方政府资助专利费用的重点不明确,政策导向功能易被弱化;资助程序不规范,导致重复资助和骗取资助金情况的发生。❸

从各国政府资助专利费用的政策实践来看,国外专利资助政策大多采取了分阶段、比例配套、限额资助的形式,这种资助方式的主要优点是根据专利申请的不同阶段来调整资助额度,并由政府与申请人按比例分担专利费用,从而避免了无商业价值专利的申请。例如,在新加坡对一个申请单位的资助可达 3 项,初期申请每项提供 50% 资助,各不超过 5000 新加坡元,后期申请每项提供 50% 资助,各不超过 25 000 新加坡元;韩国政府对个人和小企业申请国外专利和实用新型专利资助申请费额度为每人 3 件,每件不超过

---

❶ Terry Ludlow. 美国 IP 管理大牛告诉你,如何打造高价值的专利组合 [EB/OL]. 来源:知产力,网址:http://www.zhichanli.com/article/31011.

❷ 专利组合:团结就是力量 [EB/OL]. 来源:国家知识产权局,发布时间:2014 – 04 – 02,网址:http://www.sipo.gov.cn/wqyz/dsj/201404/t20140424_938562.html.

❸ 文家春,朱雪忠. 我国地方政府资助专利费用政策若干问题研究 [J]. 知识产权,2007,17(6):23 – 27.

200万韩元，被认可为优秀发明的专利，政府还将资助自其申请国外专利日起前两年的国内申请费用；墨西哥斯旺西知识产权计划对企业知识产权相关的商业和法律费用给予60%的补助金（最高可达6000英镑）；爱尔兰企业局的专利资助计划的资助额度初期可以达到专利费用的100%，后期随着项目的进展而递减。❶

2015年3月，美国兰德公司发布报告《中国的专利和创新：动机、政策和结果》（Patenting and Innovation in China：Incentives，Policy and Outcomes，以下简称兰德报告），对中国专利热潮现象进行系统分析。报告指出，尽管中国的专利申请数量迅速增加，但作为科技进步指标的全要素生产率（TFP）却处于落后水平，以专利为代表的知识库存对于经济发展未能发挥应有的贡献。针对专利申请给予补贴与政策优惠，这是推动专利热潮的主要原因之一，也促使大量"垃圾专利"的出现。专利申请激励政策往往采取"按件资助"模式，而不考虑专利实际价值统一给予金钱补贴。实践表明，这种粗糙的"按件资助"政策具有较大的盲目性，也缺乏资助的针对性，不仅难以鼓励具有经济利益的知识产品产权化，而且因地方政府的专利资助金额往往高于专利申请费用的实际支出，使专利申请成为利用政策优势或资金扶持变相牟利的途径。❷

当前，鉴于专利资助政策存在的问题，国家知识产权局加强对地方政府专利激励政策的引导，发布了《关于规范专利申请行为的若干规定》《关于专利申请资助工作的指导意见》等，更加注重提升高价值专利质量的导向。专利制度是市场经济的产物，政府有责任保障专利制度的良好运行和引导市场主体运用专利制度谋求市场

---

❶ 刘华，刘立春. 政府专利资助政策协同研究［J］. 知识产权，2010，34（3）：31-35.
❷ 郑淑凤. 中国专利热潮与垃圾专利问题解析［EB/OL］. 来源：北京大学科技法研究中心，发布时间：2016-06-10，网址：http://stlaw.pku.edu.cn/hd/bbs/cx/227.html#_ftn8.

竞争优势，但不宜强化专利政策对市场主体专利行为的直接激励和干预，在社会公众专利意识普遍提高、专利申请量已达世界第一的情况下更应弱化对专利申请行为的激励；市场主体运用专利制度谋求市场竞争优势的成本应主要由其自身承担，改变专利费用资助政策导向。[1] 在高价值专利的培育过程中，也应注意政府激励与市场竞争之间的利益平衡。

第三节 高价值专利培育的市场维度

通过高价值专利的有效运用，促进知识产权与经济社会发展的深度融合，实现知识产权的市场价值，是我国实施知识产权战略的重要环节。当前，我国经济发展总量不断增长，经济发展质量越来越高，经济发展结构日趋合理，离不开我国知识产权运用的有力支撑，知识产权运用转化的成功案例在全国各地不断上演。[2] 从高价值专利培育的市场维度来看，就是要打造市场发展前景好、竞争力强的高价值专利，进一步凸显高价值专利的市场应用。

一、提升高价值专利运营意识

知识产权运营或知识产权资本化的本质是金融财产与知识财产的完美结合，从中凸显资本力量和知识力量；知识产权运营具有资本化、全球化和市场化三个基本特征。目前知识产权价值评估还有不小难度，如何将知识产权与金融资本和具体行业结合，完善我国

---

[1] 朱雪忠. 辩证看待中国专利的数量与质量 [N]. 中国知识产权报，2013 - 12 - 13（8）.
[2] 张少波. 加强知识产权保护和运用的价值取向 [N]. 中国知识产权报，2016 - 05 - 20（8）.

金融体系对知识产权运营的支撑是亟待关注的问题。❶ 可以预见，专利运营作为实现专利资产资本化的重要途径，资本逐利的天性将进一步推动专利运营模式变革，将专利运营推向更为广阔的发展空间。实践中，由于创新主体缺乏对专利运营本质的认识和理论指导，导致市场主体从事专利运营的盈利模式不清晰，尚无公认的专利运营模式可资借鉴，甚至在相关政策的刺激下容易产生盲目投机和资产泡沫等"市场失灵"的行为。❷

对拥有数百年运作经验的美国和欧盟现存范式的专利运营模式进行梳理和研究，或许能给我们解除和突破现在所处的困境提供一些可资借鉴的思路和经验。在欧美等发达国家，专利运营早已成为创新主体较为普遍和广泛的活动。例如，美国 IBM 公司从 1993 年开始到现在已经连续 22 年一直是美国年度获得专利授权最多的企业，累计获得美国专利已经超过了 8 万项。近年来，IBM 的专利使这家电脑服务巨头每年都获得了约 10 亿美元的许可收入。美国的斯坦福大学 2014 年全年签订的知识产权许可协议已经超过了 100 项，专利许可的收入超过了 1 亿美元，此外，仅在 2014 年，斯坦福通过解锁持有的 121 家公司股权所获得的收益就达到了 2320 万美元。❸

2015 年 4 月 3 日，国家知识产权局发布了《关于进一步推动知识产权金融服务工作的意见》，提出了充分认识知识产权与金融结合的重要意义，加快促进知识产权与金融资源融合，更好地发挥知识产权对经济发展的支撑作用，部署了深化和拓展知识产权质押融

---

❶ 陈诺，杨绍功等．向知识产权要生产力　江苏率先培育高价值专利［EB/OL］．来源：半月谈网，发布时间：2016-04-26，网址：http://www.banyuetan.org/chcontent/jrt/2016425/192669.shtml．

❷ 刘淑华，韩秀成，谢小勇．专利运营基本问题探析［J］．知识产权，2017（1）：93-98．

❸ 陈百惠．周砚：专利运营可提升创新对经济发展的贡献［EB/OL］．来源：中国青年网，发布时间：2015-11-25，网址：http://news.youth.cn/jy/201511/t20151125_7348247.htm．

资工作、加快培育和规范专利保险市场、积极实践知识产权资本化新模式、加强知识产权金融服务能力建设和强化知识产权金融服务工作保障机制五个方面的工作重点。《2015 年中国专利运营状况研究报告》的数据显示，中国专利运营在 2015 年呈现出蓬勃发展的态势，无论是各类运营平台、机构和基金的建立，还是专利运营活动的次数以及涉及的专利件数均有较大增长。其中，电子数据处理是 2015 年最活跃的专利运营技术领域。从专利运营类型看，2015 年专利转让次数超过 11 万次，其次是备案的专利许可和专利质押，分别为 1.6514 万次和 1.0998 万次。❶

因此，企业有必要提升高价值专利的运营意识，通过高价值专利的运营为企业创造经济效益。例如，江苏省镇江同盛环保设备工程有限公司拥有一件新型喷雾降温装备的专利，凭此在上海世博会中获得了 800 台设备的订单。公司在接到订单时恰逢资金短缺，为填补生产资金缺口用专利权质押贷款 200 万元，这才使生产得以正常进行、产品按时交付。"一战成名"后，订单源源不断涌来，企业从此进入了高速增长通道。❷ 2016 年初，江苏正大天晴药业集团股份有限公司（以下简称正大天晴）与美国强生制药公司（以下简称强生公司）签署独家许可协议，将一款包含相关专利权许可的肝炎治疗创新药物在中国大陆以外的开发权许可给了强生公司，后者将支付总额达 2.53 亿美元的许可款项及上市后的销售提成。这充分证明了企业的研发实力已得到了广泛认可，更意味着企业在高价值

---

❶ 2015 年中国专利运营核心数据解读 [EB/OL]. 来源：中国知识产权网，发布时间：2016 - 05 - 05，网址：http://www.cnipr.com/CNIPR/izhiku/izhikuview/201605/t20160505_196705.htm.

❷ 陈诺，杨绍功等. 向知识产权要生产力 江苏率先培育高价值专利 [EB/OL]. 来源：半月谈网，发布时间：2016 - 04 - 26，网址：http://www.banyuetan.org/chcontent/jrt/2016425/192669.shtml.

专利运营工作上迈出了坚实的一大步。[1] 正大天晴于 2004 年确立了实施知识产权战略的经营策略，成立知识产权部专职负责知识产权事务。近年来，公司不断拓展和细化知识产权工作的业务领域和职能，共拥有专利工作者 22 名。公司依靠完备的知识产权管理体系、科学有效的研发激励机制以及丰富的许可转让经验这"三驾马车"，实现了对知识产权的有效管理，带动了整体研发实力的提升。[2]

二、基于产业链部署专利战略

专利的财产权通过公司在市场中的经济活动体现经济价值。权利主体的公司化和信息成本上升对专利的价值呈现影响巨大。因此，应当从专利、技术和公司三个层面认定专利价值，而决定价值量的是专利在产品化过程中的投入量和风险承担。基于价值的专利运营将有利于社会对创新的投资，应当大力鼓励发展。但前提是法律对专利权人的利益保护必须基于对其价值的合理判定，在保护权利的同时，遏制权利的越界滥用。[3] 在高价值的培育过程中，需重点围绕先进制造业、战略性新兴产业遴选具体的技术领域，探索组建高价值专利培育示范中心，创造出一批高价值专利，增强相关产业的核心竞争力。

以通信领域的"多点触屏控制技术"为例，1998 年特拉华大学的两名技术人员韦恩·韦斯特曼（Wayne Westerman）和约翰·G. 埃利亚斯（John G. Elias）发明了多点触控（Multi‐Touch）技术后，便注册成立了芬格沃克（Finger Works）公司开始创业。

---

[1] 崔静思. 撬动专利运营杠杆 充分释放核心价值 [EB/OL]. 来源：国家知识产权局，发布时间：2016 – 04 – 22，网址：http://www.sipo.gov.cn/ztzl/ndcs/qgzscqxcz/ipsj/201604/t20160422_1264176.html.

[2] 刘跃一，金瑜. 正大天晴获批江苏省高价值专利培育计划实施单位 [EB/OL]. 来源：正大天晴，发布时间：2016 – 05 – 31，网址：http://www.cttq.com/news/322323.htm.

[3] 王岩. 专利的价值及其运营 [J]. 知识产权，2016 (4)：89 – 95.

2007年1月，乔布斯对外发布了第一代iPhone，多点触控技术成为该款手机最引人注意的技术亮点之一，而且苹果在后来不断为这一技术在美国、欧洲、日本、韩国等国家和地区就不同的创新点提交专利申请，至今已衍生出一个近两百件专利的专利家族，牢牢地将多点触控技术的核心专利控制在自己手中。如果芬格沃克公司创始初期并没有对自己的核心技术做好专利保护，苹果是否还会谋求授权乃至收购芬格沃克公司？答案很明显，收购芬格沃克公司对双方来说显然是双赢的结果，而这一结果的达成，最为重要的条件是拥有核心技术且做好专利保护。从某种意义上说，芬格沃克公司的成功恰恰是一场专利运营的成功——拥有核心专利，并以此作为企业最具价值的资产实现收益。❶

在高价值专利培育和运营的过程中，创新主体不能仅仅停留在"单打独斗"的阶段，而应该积极构建产业知识产权联盟共谋发展。2015年，国务院印发了《中国制造2025》，明确提出"支持组建知识产权联盟，推动市场主体开展知识产权协同运用"的发展战略，在此背景下，产业知识产权联盟迎来新的发展机遇。产业知识产权联盟成立的目标之一就是在联盟成员间构建专利池，形成知识产权共同运营的合作模式，提高和扩充联盟企业的创新转化能力，通过共建行业标准，形成共同抵御外来知识产权风险的能力。目前，我国的产业知识产权联盟还处于探索起步阶段。产业知识产权联盟的发展需要产业内专利实力较强的企业来带动，如果联盟缺乏这些专利实力较强的企业成员，那么联盟在开展专利风险防御等工作时可能面临一定困难。此外，产业知识产权联盟还应围绕促进高价值专利培育、深化产业专利协同运用开展建设工作，进一步促进知识产

---

❶ 龙翔. 专利运营：从芬格沃克的成功说起［N］. 中国知识产权报，2016-06-29(11).

权与产业发展的深度融合，提高产业或行业的核心竞争力。❶

此外，高价值专利的产业链战略布局还需要重点关注海外经营中的知识产权风险防范。随着我国"一带一路"战略和"中国制造2025"的实施，戚墅堰机车车辆工艺研究所作为中国中车旗下的核心成员之一，正肩负着轨道交通装备走向世界的重要使命。能否拥有充足的高质量、高价值专利，提前对海外专利风险进行防范，已成为包括戚墅堰所等一批企业能否持续开拓海外市场的关键要素。从某种意义上来说，加强未来市场需求的前瞻性专利布局，和基于企业内部、外部全面尽职调查后而做出的企业战略性总体专利布局，是企业高价值专利产出的有效途径。❷ 以中国铁建的专利布局为例，面向产业发展的重大工程和关键核心领域开展，已在大型盾构装备、大型养护机械、高速铁路桥梁铺架装备、无砟轨道等方面开展了布局，在盾构设计申请了 52 件专利、盾构施工申请了 32 件专利、盾构机装备申请了 92 件专利，构建了大直径盾构技术的专利组合。此外，中国铁建在项目开发过程中还与专利审查协作中心签订了专利挖掘与布局合作协议，开展订单式研发。以检索分析为基础，在 F 型导轨、轨道梁、接触网等 15 个技术分支，申请专利 200 余件，初步构建了中低速磁悬浮技术领域专利组合，目前正在筹划 PCT 专利申请，构建全球化的专利战略布局。❸

---

❶ 李俊霖. 产业知识产权联盟：搬走企业发展的"绊脚石"［EB/OL］. 来源：国家知识产权局，发布时间：2016 - 11 - 24，网址：http：//www. sipo. gov. cn/ztzl/ndcs/zgzlznew/zllm/201611/t20161124_1303178. html.

❷ 陈诺，杨绍功等. 向知识产权要生产力 翘盼知识产权大手笔［EB/OL］. 来源：半月谈网，发布时间：2016 - 04 - 26，网址：http：//www. banyuetan. org/chcontent/jrt/2016425/192669. shtml.

❸ 中国铁建：专利战略助力企业发展［EB/OL］. 来源：中国企业知识产权网，发布时间：2016 - 12 - 01，网址：http：//www. cnipr. com/CNIPR/CNIPR4/2016zlz/qyzscq/201612/t20161201_200070. htm.

三、创新高价值专利运营体系

高价值专利的有效运营不仅依赖于创新主体的内部人员，同时也需要加强与第三方运营机构的合作，共同推进高价值专利的市场运营。业界普遍将2015年视为专利运营的"元年"，不断完善的知识产权运营基金吸引了各界的广泛关注，也改变了知识产权运营的传统格局。❶ 从宏观角度看，知识产权运营基金在运作的过程中定位一定要清楚。在政府出资主导建立的专利运营基金中，财政资金主要起示范和引导作用，发挥杠杆效应，以财政资金带动社会资本投入，起到"四两拨千金"的效果，后期运作还要以市场化方式进行。能否实现市场化运作，是政府引导的专利运营基金能否真正发挥实效的关键。❷

专利运营功能链运转不灵是影响运营效率的一个重要原因。专利运营功能链条的正常运转主要靠专利运营机构提供物理支撑，以政府专项资金或市场化融资来供应动力驱动。❸ 知识产权一头连着创新，一头连着市场。一方面，要充分利用知识产权本身蕴含的激励机制，依法保护创新者的合法权益来激励创新热情；另一方面，要充分运用知识产权所蕴含的市场机制，让更多创新成果在市场中顺利转化成为现实生产力，推动经济社会又好又快发展。❹

近年来，日本、韩国和法国政府相继设立主权专利基金，预示

---

❶ 崔静思. 撬动专利运营杠杆 充分释放核心价值［EB/OL］. 来源：国家知识产权局，发布时间：2016 - 04 - 22，网址：http://www.sipo.gov.cn/ztzl/ndcs/qgzscqxcz/ipsj/201604/t20160422_1264176.html.

❷ 吴艳，李俊霖. 资本杠杆能否撬动专利大市场？［N］. 中国知识产权报，2016 - 03 - 09 (6).

❸ 陈诺，杨绍功等. 向知识产权要生产力 江苏率先培育高价值专利［EB/OL］. 来源：半月谈网，发布时间：2016 - 04 - 26，网址：http://www.banyuetan.org/chcontent/jrt/2016425/192669.shtml.

❹ 张少波. 加强知识产权保护和运用的价值取向［N］. 中国知识产权报，2016 - 05 - 20 (8).

着专利交易市场的竞争模式进入全新的发展阶段。主权专利基金在扶持国内产业参与国际竞争方面具有积极意义，也可能演变为一种潜在的贸易防御措施，并激发新一轮的全球专利竞赛。[1] 法国专利基金（France Brevets）成立于 2010 年 3 月，是欧洲第一家主权专利基金，其在法国政府的支持下收购法国研究机构和企业的专利并建立专利池，目的是支持法国企业、高校和研究机构经营专利资产并获取必要的研究基金。2010 年，韩国知识探索公司（Intellectual Discovery，以下简称 ID 公司）成立。ID 公司和旗下的 2 个子公司基于对专利价值的评估，为各类公司提供融资项目，积极投资初创企业和合资企业，帮助其开发有创意、高质量的专利，致力于提高企业的国际竞争力。2013 年，日本产业创新机构等大型公司投入 2800 万美元，成立了日本主权专利基金（IP Bridge）。[2]

实践中，我国政府也逐步开启了主权专利基金运营的初步探索。仅以北京市重点产业知识产权运营基金为例，该基金采取了有限合伙的形式，基金的存续期为 10 年，计划规模为 10 亿元。目前，首期 4 亿元已经认购完毕，其中，中央、北京市、部分中关村分园区管委会三级财政体系投入前期政府引导资金 9500 万元，引导重点产业企业、知识产权服务机构和投资机构等投入社会资本 3.05 亿元。此次成立的重点产业知识产权运营基金将更加关注产业发展中的知识产权要素，服务国家重大专项知识产权管理，培育运营高价值专利，紧密联系中关村园区各类创新主体，有力推动基金服务首都各大高校、科研院所和创新型企业，提升我国重点产业领域的知

---

[1] 孟奇勋，张一凡，范思远. 主权专利基金：模式、效应及完善路径 [J]. 科学学研究，2016（11）：1655 - 1662.

[2] 各国主权专利基金运营概况 [EB/OL]. 来源：中国知识产权网，发布时间：2015 - 11 - 11，网址：http：//www.iprchn.com/Index_NewsContent.aspx？newsId = 89829.

识产权创造运用能力。❶

独乐乐不如众乐乐，高价值专利绝对不应该限于"高大上"的创新主体，通过苏州纳米所、江苏恒瑞等示范案例，扩大到整个社会群体，真正实现专利质量的提升，才是"高价值专利"培育项目及本书的初心！

---

❶ 10亿元知识产权运营基金在北京成立［EB/OL］. 来源：北京市知识产权局，发布时间：2016-01-27，网址：http://www.bjipo.gov.cn/zscqdt/zldt/201601/t20160111_34735.html.

第五章

高价值专利的价值实现探索

从专利实施到专利产品化、专利商品化再到专利经营,专利运营水平与能力的优劣已经成为影响和决定市场竞争成败的战略性要素。❶ 高价值专利的实现方式主要包括专利技术标准化、实施许可、对外转让、质押融资以及作价入股等。一些典型的 NPE 还以专利诉讼的方式获得损害赔偿金。从高价值专利的实施要素来看,主要包括三个方面:一是知识产权保护力度加强;二是科技成果转化法的突破;三是高价值专利实施平台的构建。

第一节　高价值专利的价值实现路径

高价值专利的特征之一就是"广泛应用于产业发展,与产业发展的高依赖度"。因此,"产业发展应用"是高价值专利价值实现的重要标准。以下重点从专利技术标准化、专利权实施许可、专利权对外转让、专利权质押融资和专利权作价入股等五个方面予以详细阐述。

一、专利技术标准化

专利技术标准化是"高价值专利"价值实现的首要路径。专利标准化指将专利与技术标准紧密结合起来,将专利纳入技术标准的一种战略模式。专利标准化是以专利技术为后盾,立足于技术标准而制定的旨在使企业获得有利市场竞争地位的总体性谋划,也是企业从国内外竞争形势和自身条件出发,谋求在市场竞争中占据主

---

❶ 魏玮. 从实施到运营:企业专利价值实现的发展趋势 [J]. 学术交流, 2015 (1): 110 – 115.

动，有效排除竞争对手的重要手段。❶ 因此，将高价值专利标准化使其成为行业标准也必将实现专利的价值。

根据国际标准化组织的定义：标准是指由一些技术规范或者其他明确的准则组成，被用作规则、指南或特征的定义的文件，其目的是要求产品工艺达到一定的要求。技术标准是标准的核心部分，属于"标准"。技术标准又分为法定技术标准和事实技术标准，法定技术标准是由政府或者政府主导的标准化组织指定的，包括国家、行业、地区以及 ISO、IEO 制定的国际标准，事实标准是通过市场形成的，一般是市场占优势地位的企业的标准。

专利和技术标准从传统上来看是相互对立、相互排斥的，专利的作用在于其垄断性；而技术标准的作用在于促进市场的统一，便于货物与服务的流通。但现代企业却将它们巧妙地结合起来，实现了专利技术标准化。就实质而言，标准是一种公共性资源，是各个利益主体都可以采用的资源，不会因为标准采用而损害标准制定者的利益，但是企业如果以足够的技术优势将自己的专利技术发展成为一种法定技术标准或者事实技术标准，而这种优势具有垄断性地位，使得其他企业为获得消费者的认可不得不支付昂贵的专利权许可使用费。❷

专利技术标准化可为企业获得竞争优势及超额利润。标准与专利的捆绑意味着技术规范受到了专利的保护，专利从非标准领域向标准领域扩张，从而可以形成自我保护优势和市场开拓优势。拥有高价值的核心专利技术的企业通过实施标准化战略，还可以凭借对专利技术的垄断获得市场竞争优势，如控制专利许可证的发放，阻

---

❶ 申文英，王习红. 企业技术创新的标准化工作研究［C］. 第四届中国标准化论坛论文集，2006.

❷ 从海尔看专利技术标准化战略［EB/OL］. 发布时间：2012 - 02 - 04，来源：百度文库，网址：http：//wenku. baidu. com/link？url = O85DuGiuN4xjJJBG7QA0dE2uCpNL JuEm-VspqwylpBHdFIWFJeUkau－3bpzftjJ5A_hv8UMC－Zdmjal4KFbCGwMUK4uiM5jj7TLhSy0XFQWu.

止竞争对手的市场进入。这样就使得和标准捆绑在一起的专利具有了战略价值,而不再是一般意义上的专利许可收费问题。❶

专利标准化也是应对发达国家技术垄断的需要。在经济全球化和贸易自由化的背景下,以专利技术为后盾,建立自己的技术标准是发达国家越来越重视的战略。2000年美国标准学会提出了《国家标准战略》,提出要用美国标准战略优势大力推进美国标准的国际化,发达国家纷纷将技术标准化作为其国家知识产权战略的重要组成部分。发达国家一方面利用TRIPS协议保护知识产权,同时利用优势地位制定国际标准,针对发展中国家在国际贸易中的低成本优势,构筑非关税贸易壁垒。另一方面通过将专利和标准相结合,向发展中国家的标准使用者收取巨额专利使用费。这些做法都在一定程度上影响和抑制着发展中国家的发展。因此,企业应制定相应的企业专利标准化战略。❷ 专利标准化成就市场话语权的威力在于,标准是某种产品或某个行业必须遵守的技术指标或技术特征,这些技术指标或技术特征则是某个或某些具体企业的专利技术特征。而专利却先天地具有专有独占的垄断性,未经专利权人的许可不得实施,否则构成侵权。企业以自己所拥有的专利技术作为技术标准,无疑在国际贸易中形成了双重壁垒。所以说,拥有专利标准就有可能实现市场话语权的梦想。❸

高通公司(Qualcomm)可以说是"专利标准化"实施的典型。高通公司创立于1985年,总部设于美国加利福尼亚州圣迭戈市,是

---

❶ 冯晓青. 专利技术标准化途径与策略选择[N]. 中国知识产权报,2007 – 11 – 21 (7).

❷ 从海尔看专利技术标准化战略[EB/OL]. 发布时间:2012 – 02 – 04,来源:百度文库,网址:http://wenku.baidu.com/link? url = O85DuGiuN4xjJJBG7QA0dE2uCpNLJuEmVspqwylpBHdFIWFJeUkau – 3bpzftjJ5A_hv8UMC – Zdmjal4KFbCGwMUK4uiM5jj7TLhSy0XFQWu.

❸ 王晓先,文强,黄亦鹏. 专利标准化的正当性分析及推进对策研究[J]. 科技与法律,2012(4):64 – 69.

全球3G、4G与下一代无线技术的领军企业，也是移动行业与相邻行业重要的创新推动者。在全球通信领域企业中，2013年高通公司市值一度达到历史高点1049.60亿美元，超过一直领先的英特尔公司的1035.01亿美元，站上世界第一。2013年，在美国行业协会发布的报告中，全球电子硬件产业领域企业拥有专利排名中，高通公司的专利数量和质量位居世界第一。截至2016年11月10日，高通公司拥有的有效专利高达116 278件，其中，有效授权专利63 289件，有效申请专利56 289件。被称为移动通信基础的CDMA（码分多址接入）技术则是该公司的核心技术，高通公司手握大量的CDMA专利，一度形成技术垄断。

高通公司成立之初只是一家小的技术性公司，虽然拥有CDMA技术，但仅有技术而已，并没有成型的产品，也并非唯一一家掌握CDMA技术的公司。但在随后几年时间里，高通公司致力于将核心的CDMA专利技术标准化，在1993年，高通公司的CDMA技术被美国电信标准协会标准化，正式为业界所接纳，CDMA顺利成为和欧洲GSM并列的两大2G标准之一。1995年，第一个CDMA商用系统运行。到2000年，五年时间内全球CDMA用户就已突破5000万户。随着CDMA的高速发展，高通公司的专利许可收益也在节节攀高。合作方每销售一部手机就要向高通公司缴纳一笔不菲的专利许可费，包括CDMA专利的入门费和使用费，约占产品售价的6%左右。[1] 在3G时代作为CDMA技术的创始者，高通公司几乎垄断了与CDMA相关的所有专利技术的使用权。任何需要使用CDMA技术的公司，都要向高通公司交纳数量不菲的许可使用费。[2] 高通公司正是将掌握的核心技术成为行业标准的一部分，通过专利标准化，在

---

[1] 赵建国. 高通的前世今生 [N]. 中国知识产权报，2014-03-05 (4).
[2] 蔡强. 高通称拥有1000多项4G专利 将主导"后3G"方向 [EB/OL]. 来源：搜狐IT，网址：http://it.sohu.com/20070530/n250297619.shtml.

这个产业兴起之时，自己便可以握住手中的众多专利"坐地收钱"，创造了巨大的利润。

二、专利权实施许可

专利实施许可是高价值专利实现自我价值的另一种途径。专利许可是专利权属不变，但允许他人实施的一种形式。它是指专利权人或其授权人许可他人在一定期限和地区以一定方式实施专利，并向他人收取许可使用费。专利实施许可仅转让专利技术的使用权，许可方仍拥有专利权，受让方只获得了专利技术实施的权利，并没拥有专利权。专利实施许可是以订立专利实施许可合同的方式许可被许可方在一定范围内使用其专利，并支付使用费的一种许可贸易。通过专利实施许可，可以为企业创造利润从而实现专利价值。

除专利权人自行实施专利以实现专利价值之外，近年来，国外专利市场涌现出的新业态是 NPE（Non – Practising Entities）的出现。NPE，中文是指非实体经营的公司。实际上，NPE 公司往往不是专利的发明人，而是通过协议或直接购买来获取相关专利，再转向产业实施专利许可牟利，与发明人共享利益的专业性专利运营公司。从某种程度上而言，NPE 的存在事实上极大地推动了"高价值专利"在整个产业中"价值"之变现。对 NPE 的经验分析表明，大量 NPE 拥有高质量、高价值的专利权，也并未从事毫无意义的专利诉讼。相反，NPE 通过识别并获取高质量、高价值的专利权，以此资助并鼓励了大多数成功的发明人从事发明活动，从而发挥了促进创新的有益作用。[1]

2011 年，中国台湾企业付给国外厂商专利权利金与商标费用合计高达 58 亿美元。据中国台湾地区关税部门统计，2011 年中国台

---

[1] 梁志文. 专利价值之谜及其理论求解 [J]. 法制与社会发展，2012（2）：130 – 140.

湾出口总额达到2914.8亿美元,中国台湾的产业主要是代工制造,如果以毛利润率5%来计算的话,利润就是145.7亿元,而专利权利金和商标费用就占到了58亿美元,是中国台湾这些厂商流血流汗辛苦打拼下来的毛利的三分之一。根据韩国的金融投资业界和韩国央行的消息,2012年韩国ICT产业的科技企业向外国支付的专利费用估计约达10万亿韩元(约合人民币583亿元)。❶中国每年向国外支付的专利费用,数字也相当惊人,2016年1月14日,华为宣布:与爱立信续签全球专利交叉许可协议,自2016年起将基于实际销售向爱立信支付许可费。该协议覆盖了两家公司包括GSM、UMTS及LTE蜂窝标准在内的无线通信标准相关基本专利。根据协议,双方都许可对方在全球范围内使用自身持有的标准专利技术。❷2015年,华为营业收入3900亿元,可以想见,华为支出的专利许可费用之巨大。

三、专利权对外转让

与专利许可类似,专利转让同样可为高价值专利带来收益并实现其价值。但不同的是,专利转让后专利权属发生了变化。转让分为商业购买和赠与等形式。在专利权转让后,除非获得受让方的许可,原权利人失去了自行实施、质押、许可等权利。专利权人作为转让方,将其发明创造的专利权转移给受让方,受让方按订立的合同支付约定价款。通过专利权转让合同取得专利权的当事人,即成为新的合法专利权人,同样也可以对外实施转让许可等。

2016年6月27日,世界领先的森林工业企业——UPM芬欧汇

---

❶ NPE:游走于科技产业边缘的"隐形富豪" [EB/OL]. 来源:思博网,发布时间:2015-03-03,网址: http://www.mysipo.com/article-4571-1.html.
❷ 齐玮奕. 爱立信与华为续签全球专利交叉许可协议 [J]. 电信工程技术与标准化,2016(2):59.

川（以下简称 UPM）将其自主研发的一项生物质提取技术专利成功转让给芬兰的医药和食品开发企业——Montisera，这意味着 UPM 实现知识产权商业化运作，将自有知识产权商业化的领域延伸到了医药行业。❶ 这项技术专利能分解提取木材中的物质，其中木脂素已在全球范围内被广泛研究并应用于药物生产。对于 UPM 这家把生物和森林工业相结合的企业而言，该专利并不一定能在其业务领域发挥重要作用，但是对于利用木材进行医药和食品开发的 Montisera 来说，却意义非凡。这项专利将进一步增强 Montisera 利用木材半纤维素预防和治疗下尿路疾病的能力。随着这项提取技术专利的获得，Montisera 将打造一个集产品专利、实用专利和制造专利为一体的知识产权大家庭。这将有效保障并落实 Montisera 的企业战略，从生物质中提取有利于健康的分子。综上所述，UPM 通过专利技术的转让，一方面帮助其自身实现知识产权商业化运作，另一方面也能够让这项专利发挥最大的作用，使得这项专利的价值得以实现。

对于小微企业、科研机构等创新主体，由于人员、资金、管理能力等方面的瓶颈，实施专利技术产业规模最大化的能力不足，因此，通过专利转让来实现"高价值"，无疑是一个很好的选择。1980 年，美国国会通过一项著名的立法——《拜杜法案》。这项法律规定基于美国联邦政府资助大学的项目所产生的发明，大学可以享有专利权。《拜杜法案》同时要求大学做出努力，确保这些发明尽快付诸实际使用。在《拜杜法案》实施后仅在 2002 年一年内，大学技术管理协会（AUTM）进行调研的 219 个研究机构就声称有 4673 项新许可，2002 年，从这些技术转移中获得的总许可收入超过 1.2 亿美元。斯坦福大学 Herzenberg 实验室是流式细胞仪的发源地，

---

❶ 邵岚. UPM 成功转让生物质提取技术专利实现知识产权商业化运作［J］. 中国林业产业，2016（8）：6.

发明人预测未来全球市场需求也就是几台仪器，结果几十万台卖出去了。使流式细胞仪有用的一个专利技术就是使用单克隆抗体来标记细胞，而这个加工单克隆抗体的技术竟成为史上最赚钱的专利技术之一，给斯坦福赚了 5.5 亿美金，据斯坦福大学医学院院长称，单克隆抗体专利不仅是斯坦福历史上赚钱最多的专利，也是据他所知世上所有高校最赚钱的专利。❶

四、专利权质押融资

专利权质押融资是利用专利权进行融资担保向金融机构申请贷款，实现企业将"知本"转化为"资本"的一种创新途径❷，也是企业以专利权中的财产权作为质押标的对债权进行担保的法律制度。近年来，我国专利权质押融资业务发展迅速，然而，由于专利权质押融资法律风险来源点多且较难识别，防范困难，导致金融机构尚没有做好充分准备大量开展业务，导致我国专利权质押融资发展遇到瓶颈❸，专利质押一直是一个尴尬的话题。

早在 1995 年，《中华人民共和国担保法》就将专利权明确作为权利质押的客体，为专利质押提供了法律依据。但直到 2008 年之前，专利质押在国内的案例仍寥寥可数。2008 年，国家知识产权局公布了第一批全国知识产权质押融资试点单位名单，开始行政主导专利质押贷款工作。其后又在多个文件中强调专利质押工作。❹ 2015 年，国家知识产权局等部门联合印发《关于进一步加强知识产权运用和保护助力创新创业的意见》，要求完善知识产权估值、质

---

❶ 韩健. 一个给高校赚钱最多的专利：5.5 亿美金 [EB/OL]. 来源：搜狐网，发布时间：2015 - 12 - 29，网址：http://mt.sohu.com/20151229/n432936077.shtml.
❷ 钱坤. 专利权质押融资理论与实践研究 [M]. 社会科学文献出版社，2015.
❸ 杨栋. 论专利权质押融资的法律风险和防范 [D]. 华南理工大学，2012.
❹ 陈宝亮. 专利质押长期受限 首个国家级评估机构能否破局 [N]. 21 世纪经济报道，2017 - 03 - 01（19）.

押、流转体系，推进知识产权质押融资服务实现普遍化、常态化和规模化，引导银行与投资机构开展投贷联动，积极探索专利许可收益权质押融资等新模式，积极协助符合条件的创新创业者办理知识产权质押贷款。❶ 2016 年，专利质押融资额达 436 亿元，说明高价值专利的"含金量"也得到明显提升。

美国、德国、日本、韩国是世界上四大知识产权国，同时也是世界上最早进行知识产权质押融资实践的国家。美国采用市场主导型模式。其一是小企业管理局模式，向需要资金的小企业提供贷款，并作为政府担保机构对小企业进行信用保证和信用加强，促进资金借贷双方通过市场化的手段实现借贷活动。其二是保证资产收购价格机制模式。这种融资模式不直接向中小企业提供贷款，而是为企业提供一种新型的信用保证，可以在未来以规定价格收购企业向金融机构提供的知识产权。德国是风险分摊制，政府承担主要损失，一般是损失金额的 65%，担保机构和商业银行按照 8∶2 的分摊比例承担剩余的 35%。日本采用半市场化模式，以政策投资银行为主，商业银行为辅，民间银行也可以参与。韩国是政府主导型的知识产权质押融资体系，实行会员准入制度，担保机构、技术交易机构等中介机构只有通过政府许可，方可参与其业务。❷

目前，全国具有典型代表意义的三种质押贷款模式分别为北京模式、浦东模式和武汉模式。北京市知识产权质押贷款工作采用由市政府、商业银行、律师事务所、资产评估机构、股份担保公司联合直接质押的融资模式。而上海浦东模式是指采用银行 + 知识产权 + 政府担保的间接质押融资模式。这种模式引入了第三方担保机构，贷

---

❶ 五部门：推进知识产权质押融资服务实现"三化"［EB/OL］. 发布时间：2015 - 10 - 01，来源：中国经济网，网址：http：//www. ce. cn/culture/gd/201510/13/t20151013_6688900. shtml.
❷ 关于进一步完善知识产权质押融资服务体系的建议［EB/OL］. 来源：九三学社中央网站，发布时间：2016 - 04 - 06，网址：http：//www. zytzb. gov. cn/tzb2010/jcjyxd/201604/e-18ed07d68a243138aebbf9a2576a333. shtml.

款企业以知识产权出资，作为反担保质押给担保机构，再由银行给符合条件的企业发放贷款。此外，武汉市专利权质押贷款工作借鉴了北京"直接质押模式"与上海"间接质押模式"的混合质押模式。有别于浦东模式，武汉的间接贷款模式引入了专业的担保公司即武汉科技担保有限公司作为担保主体，是"银行＋担保公司＋专利权反担保"的模式。❶ 2012 年，格林美公司凭借 39 件专利，获得了国家开发银行湖北分行高达 3 亿元的专利权质押贷款协议，打破了国内单笔专利权质押融资额度的最高纪录。❷

五、专利权作价入股

知识产权的交换价值，包括作价投资、标准联盟、授权技术移转、买卖让与、侵权诉讼、二次研发等模式，其中又以知识产权作价投资于新创事业、合资事业及公司并购，这种做法收益最佳，而且风险也最高。知识产权作价投资的意义，在于将优秀的发明人、创作人、著作权人的智力活动成果权利化后的知识产权转化为许许多多的新创事业，并获得相应的股权资本报酬，体现知识产权拥有者与出资者之间"有钱出钱，有力出力"的基本精神，并且彰显了共同投资、共同经营、共担风险、共享利润的合资涵义。正如周延鹏先生所言，作价投资对产业活动所造成的效益，不仅在于影响知识产权服务业与知识产权的创造、保护、营销等行为，甚至能带动冒险精神及创造行为的蓬勃发展。❸

我国《公司法》第 27 条规定，股东可以用货币出资，也可以用实物、知识产权、土地使用权等可以用货币估价并可以依法转让的非货币财产作价出资；但是，法律、行政法规规定不得作为出资

---

❶ 邓彦，郭菡墨. 知识产权质押融资模式的优化发展［J］. 财会月刊，2013（22）：45－47.
❷ 魏劲松. 专利权质押融资最高纪录的背后［N］. 经济日报，2012－11－19（15）.
❸ 周延鹏. 知识产权——全球营销获利圣经［M］. 知识产权出版社，2015：249－250.

的财产除外。对作为出资的非货币财产应当评估作价，核实财产，不得高估或者低估作价。法律、行政法规对评估作价有规定的，从其规定。现行《公司法》取消了对出资比例的限制，只要具有货币可评估性并办理财产权的转移手续，知识产权就可以作为权利人的出资进入公司资本序列。但是知识产权价值内涵太过丰富和存在变数，即使作为专业评估机构也难于做到客观和公允，而出资人更难把控知识产权的价值。因此，知识产权出资过程中，须关注其价值存在变数的可能性，采取措施使公司资本处于相对确定状态，为公司搭建一个良好的股权架构和发展基础。❶

第二节　高价值专利的价值实施要素

一、知识产权保护力度加强

党的十八大明确提出了"加强知识产权保护"的重大命题，十八届三中全会则进一步确立了"加强知识产权运用和保护"的指导方针，将知识产权工作提升到了新的战略高度。❷ 在"大众创业、万众创新"和我国知识产权数量跃居世界前列的时代背景下，知识产权的有效保护已成为知识产权广泛应用和高价值专利实施的重要制度保障。近年来，我国虽然在知识产权保护方面开展了一系列切实有效的工作，取得了显著的成效和进步。但是，我国目前知识产

---

❶ 黄继保. 从一个案例看知识产权出资和股权设置的解决方案 [EB/OL]. 来源：中国知识产权网，发布时间：2016 - 10 - 11，网址：http：//www.cnipr.com/yysw/zscqjyytrz/201610/t20161011_199125.htm.
❷ 赵建国，王宇. 加强知识产权运用保护 支撑创新驱动发展战略 [EB/OL]. 来源：国家知识产权局，发布时间：2014 - 10 - 22，网址：http：//www.sipo.gov.cn/zscqgz/2014/201410/t20141022_1023663.html.

权侵权现象还较为普遍，尤其是群体侵权、重复侵权现象还较为严重。再加上专利权的无形性和侵权行为隐蔽性等特点，导致专利维权"举证难、周期长、成本高、赔偿低、效果差"，也使得我国的一些创新型企业处境艰难。

2008—2012年的专利权侵权案件中，采取"法定赔偿"的平均赔偿额只有8万元。❶中南大学刘强教授搜集了1993—2013年我国法院受理的1674份一、二审专利民事侵权诉讼案件判决书，结果显示：发明专利案件的平均判赔金为24.31万元，实用新型专利案件为12.36万元，外观设计专利案件为6.38万元。❷如此低的赔偿金额使专利价值的应用甚为"尴尬"。侵权人宁可支付低廉的赔偿金，也不愿到谈判桌上与权利人商议支付使用专利许可费。

从国际大环境来看，"专利许可"是专利运营的重要手段，而许可的实施往往和法律诉讼和高额赔偿紧密挂钩，没有强大的法律保障体系，"专利许可"这种重要的"专利价值"实施路径就难以得到根本保障。在此背景下，我国在2015年初提出要对《专利法》进行第四次全面修改，主要围绕"专利维权举证难、周期长、成本高、赔偿低、效果差"进行修改。

此次修法和知识产权行政执法的加强，将为"高价值"专利的价值实现提供良好的法治土壤，为专利价值的有效实现保驾护航。第一，为解决专利维权"举证难"问题，增加有关确定赔偿数额的举证规则，规定在权利人已经尽力举证，而与侵权行为相关的账簿、资料主要由侵权人掌握的情况下，人民法院可以责令侵权人提供与侵权行为相关的账簿、资料；侵权人无正当理由不提供或者提供虚假的账簿、资料的，人民法院可以参考权利人的主张和提供的

---

❶ 张维. 97%专利侵权案判决采取法定赔偿［N］. 法制日报，2013-04-16.
❷ 袁真富. 提高知识产权侵权赔偿的28条建议［EB/OL］. 来源：海南省知识产权局，发布时间：2017-02-06，网址：http://www.hipo.gov.cn/art/2017/2/6/art_97_14207.html.

证据判定侵权赔偿数额。第二，为解决专利维权"周期长"问题，就行政调解协议的司法确认和强制执行作出明确规定。此外还规定对于因无效宣告请求而中止审理或者处理的专利侵权纠纷，宣告专利权无效或者维持专利权的决定公告后，人民法院和专利行政部门应当及时审理或者处理。第三，为解决专利维权"赔偿低"问题，增设对故意侵权的惩罚性赔偿制度，人民法院可以根据侵权行为的情节、规模、损害后果等因素对故意侵犯专利权的行为将赔偿数额提高至二到三倍的相关规定。第四，为解决专利维权"成本高，效果差"问题，增设相应的行政处罚，规定对涉嫌群体侵权、重复侵权等扰乱市场秩序的故意侵犯专利权的行为，由专利行政部门进行查处，并可以采取没收、销毁侵权产品以及专用于制造侵权产品或者使用侵权方法的零部件、工具、模具、设备和罚款等执法手段。❶

二、科技成果转化法的突破

美国通过《拜杜法案》的实施，激发了大学创新的产业实施。近年来，我国也出台各种政策为高校科技成果转化积极松绑。2015年8月31日，《促进科技成果转化法》颁布。全国人大常委会对1996年《促进科技成果转化法》进行了大幅修改，修改达44处之多，整部法律从37条扩展到52条，这充分体现了国家对科技成果转化问题的重视。修订后的《促进科技成果转化法》对显著提升我国知识产权运用水平、充分实施国家创新驱动发展战略和强力促进"大众创业、万众创新"均具有重要而深远的影响。修改后的《促进科技成果转化法》于2016年10月1日实施，掌握和运用新《促

---

❶ 【立法问答】专利法第四次全面修改 [EB/OL]. 来源：国家知识产权局，发布时间：2015-04-24，网址：http://www.sipo.gov.cn/ztzl/ywzt/zlfjqssxzdscxg/xylzlfxg/201504/t20150424_1107544.html.

进科技成果转化法》的关键内容，对促进科技成果转化工作和高价值专利价值实施具有重大的意义。❶

长期以来，我国科技成果转化备受诟病。我国发明专利申请量和授权量分别居世界首位和第二位，但不少投入巨大的科研"成果"，却沉睡在实验室沦为"陈果"。❷ 修订后的《促进科技成果转化法》打破了科研单位科技成果转化和知识产权运用的主要体制障碍。其中，第18条规定"国家设立的研究开发机构、高等院校对其持有的科技成果，可以自主决定转让、许可或者作价投资，但应当通过协议定价、在技术交易市场挂牌交易、拍卖等方式确定价格。通过协议定价的，应当在本单位公示科技成果名称和拟交易价格。"此外，第43条还规定："国家设立的研究开发机构、高等院校转化科技成果所获得的收入全部留归本单位，在对完成、转化职务科技成果做出重要贡献的人员给予奖励和报酬后，主要用于科学技术研究开发与成果转化等相关工作。"

以江苏为例，江苏省2016年7月印发关于江苏省促进科技成果转移转化行动方案的通知，其重要任务包括如下内容。一是产学研协同推进科技成果转移转化。强化企业转移转化科技成果的主体地位，支持高校院所开展科技成果转移转化，推动新型研发机构成为科技成果转移转化生力军，发挥科技社团促进科技成果转移、转化的纽带作用。二是开展科技成果信息发布与汇交。发布转化先进适用科技成果包，加强科技成果信息汇交，强化科技成果数据资源开发利用。三是完善科技成果转移转化支撑服务体系。发展技术交易市场，建强技术转移机构，提升知识产权服务水平，壮大科技成果

---

❶ 尹锋林. 新《促进科技成果转化法》知识产权运用的助推神器［EB/OL］. 来源：律商网，发布时间：2015 – 12 – 07，网址：http://hk.lexiscn.com/law/articles – 185813.html.
❷ 邱晨辉. 五项重磅举措给科技成果转化"松绑"［N］. 中国青年报，2016 – 02 – 19 (1).

转移、转化人才队伍。四是发挥地方在推动科技成果转移、转化中的重要作用。加强地方科技成果转化工作，建设科技成果产业化基地。五是强化创新资源深度融合与优化配置。实行多元化资金投入，促进众创空间专业化发展，推动创新资源开放共享。

科技成果转化法的突破，尤其是在高校科研院所的落地，是实施"高价值专利"从科研中心转移到产业的重要制度保障。2016年1月，西南交通大学贯彻落实促进科技成果转化法关于将科技成果的处置权、收益权和使用权下放给高校的相关内容，实施职务科技成果混合所有制，让职务发明人拥有职务发明专利权，极大地激发了职务发明人的成果转化热情，当年便实现了150件职务发明专利的分割确权，7家高科技创业公司成立，磁浮2代转向架项目与中车集团合作成果转化加速，同相供电技术合同签约数亿元，形成了"科技成果转化加快，国有资产增值，社会财富增加"的多赢局面，成效十分显著。❶

三、高价值专利的实施平台

（一）内部管理团队实施

企业专利实施是企业专利由潜在的生产力转化为现实生产力的重要途径，也是企业技术创新的重要形式❷，而且对高价值专利的实施则尤为重要。高价值专利实施的成效与企业内部经营管理有着密切的联系，但目前我国专利实施情况仍然不够理想。因此，在企业经营管理系统中应将专利置于重要位置，构建知识产权管理体系并树立"专利运营"理念，只有这样才能使企业重视专利的应用价

---

❶ 王康. 徐建群：改革权益分配机制 打破成果转化瓶颈［EB/OL］. 来源：国家知识产权局，发布时间：2017 - 03 - 10，网址：http://www.jxjjdy.com/mtsd/201703/t20170310_1308738.html.

❷ 冯晓青. 企业专利实施及其对策［J］. 当代经济管理，2009，31（2）：88 - 90.

值,加强对专利的实施,实现高价值专利的市场价值。从内部管理团队实施角度来看,鉴于企业专利运营管理涉及范围比较广,因此,一个良好的专利管理部门应当由众多具有不同知识和技术背景的人员组成,才能保证专利团队人员的合理配置和专利管理工作的有效开展。以下以江苏恒瑞为例展开分析。

2015年9月1日,江苏恒瑞医药股份有限公司(以下简称恒瑞)与美国 Incyte 公司在美国达成协议,恒瑞将具有自主知识产权的用于肿瘤免疫治疗的 PD-1 单克隆抗体(代号"SHR1210")项目有偿许可转让给美国 Incyte 公司。此次许可转让将为恒瑞带来可达7.95亿美金的收益,并首次实现了中国企业从进口美国医药技术变成出口创新药技术的转变。恒瑞致力于肿瘤免疫治疗领域,自2012年开始从事 PD-1 单抗隆抗体的研发工作,已申请了 SHR1210 的国内专利和 PCT 国际专利。恒瑞将具有自主知识产权的用于肿瘤免疫治疗的 PD-1 单克隆抗体项目有偿许可给美国 Incyte 公司,Incyte 公司将获得除大陆和港澳台地区以外的全球独家临床开发和市场销售的权利。在协议签订且收到恒瑞收据后30天内,美国 Incyte 公司将向恒瑞支付首付款2500万美元。SHR1210 在欧盟、美国、日本成功上市后,美国 Incyte 公司向恒瑞支付累计不超过9000万美元的里程碑款。SHR1210 在国外临床试验结果取得优效,美国 Incyte 公司向恒瑞支付1.5亿美元。SHR1210 年销售额达到不同的目标后,美国 Incyte 公司向恒瑞支付累计不超过5.3亿美元的里程碑款。❶

(二)专利运营公司服务

对"高价值专利"的权利人来说,在其缺乏强大内部管理团队的支持下,寻求与专业的专利运营公司合作也是目前的国际惯例,比如前文提及的 NPE。NPE 拥有专利权但并不实施专利技术,而是

---

❶ 程长春. 中国新药技术首次出口美国 [N]. 新华日报,2015-09-08 (6).

通过实施专利许可的方式来获取费用。在实践中，我国也不断涌现出类似于北京知识产权运营管理有限公司的专业性专利运营公司。此外，国外一些 NPE 机构还倾向于以发动诉讼的方式来获得损害赔偿金。以 Uniloc 公司为例，在 Innography 以 Uniloc 作为原告统计总共有 254 起诉讼案件，其中被告达 321 家。

其中，被告不乏大名鼎鼎的 Facebook、Inter、Microsoft 等巨头。从 1996 年开始的这 20 年间，它一共以该专利（US5490216 号专利）起诉，共涉及 79 个案件，163 个被告。三分之一的公司选择庭外和解和许可授权，其余则大多在法庭败诉，它凭借这件专利获得了数十亿美元的收益。由于它创始人申请的专利有效期已到期，它又以 1.89 亿美元收购了另一家著名的"专利投资公司"阿卡西亚公司（Acacia Research Corporation），到 2010 年为止，阿卡西亚通过对外 31 次专利授权收取了超过 13 亿美元费用。❶

（三）知识产权运营服务体系

近年来，国家知识产权局同财政部联合印发《关于开展市场化方式促进知识产权运营服务工作的通知》，以市场化方式开展知识产权运营服务试点，确立了在北京建设全国知识产权运营公共服务平台，在西安、珠海建设两大特色试点平台，并通过股权投资重点扶持 20 家知识产权运营机构（如表 5 – 1 所示），示范带动全国知识产权运营服务机构快速发展，初步形成了"1 + 2 + 20 + N"的知识产权运营服务体系。"平台 + 机构 + 产业 + 资本"四位一体的知识产权运营发展新模式正在悄然形成。❷ 为了加快构建知识产权运营服务体系，强化知识产权创造、保护、运用，促进知识产权与创

---

❶ 美国专利流氓公司先后盯上了华为与腾讯 [EB/OL]. 来源：搜狐，发布时间：2016 – 06 – 13，网址：http://mt.sohu.com/20160613/n454191822.shtml.

❷ 吴珂. 专利运营：为知识产权插上资本的翅膀 [N]. 中国知识产权报，2016 – 11 – 16 (2).

新资源、金融资本、产业发展有效融合，2018年，财政部、国家知识产权局继续在全国选择若干创新资源集聚度高、辐射带动作用强、知识产权支撑创新驱动发展需求迫切的重点城市（含直辖市所属区、县，下同），支持开展知识产权运营服务体系建设。❶

表5-1 采取股权投资方式支持知识产权运营机构名单

序号	地区	企业名称
1	北京	北京智谷睿拓技术服务有限公司
2		中国专利技术开发公司
3		北京科慧远咨询有限公司
4		摩尔动力（北京）技术股份有限公司
5		北京国之专利预警咨询中心
6		北京荷塘投资管理有限公司
7		北大赛德新创科技有限公司
8	天津	天津滨海新区科技创新服务有限公司
9	吉林	中国科学院长春应用化学科技总公司
10	上海	上海盛知华知识产权服务有限公司
11		上海硅知识产权交易中心有限公司
12	江苏	江苏汇智知识产权服务有限公司
13		苏州工业园区纳米产业技术研究院有限公司
14		江苏天弓信息技术有限公司
15	山东	山东星火知识产权服务有限公司
16	河南	河南省亿通知识产权服务有限公司
17	湖南	株洲市技术转移促进中心有限公司
18	广东	广东省产权交易集团有限公司
19	四川	成都行之专利事务所
20	深圳	深圳中彩联科技有限公司

---

❶ 关于2018年继续利用服务业发展专项资金开展知识产权运营服务体系建设工作的通知［EB/OL］. 来源：国家知识产权局，发布时间：2018-05-18，网址：http://www.sipo.gov.cn/gztz/1124335.htm.

（1）平台。包括1个总平台和2个特色平台。具体而言，在北京建立全国专利运营公共服务平台，在陕西西安建立军民融合专利运营平台，在珠海横琴建立面向投资的专利运营平台（横琴平台）。

（2）机构。2015年5月21日，国家知识产权局发布《关于采取股权投资方式支持知识产权运营机构名单公示》，提出"2014年支持在北京等11个知识产权运营机构较为集中的省份开展试点，采取股权投资方式支持知识产权运营机构"，最终遴选了20家企业开展股权投资试点❶。

（3）产业。2015年10月29日，中国工程院网站发布"《中国制造2025》重点领域技术路线图"，明确提出了加强制造业重点领域关键核心技术知识产权储备，构建产业化导向的专利组合和战略布局。其中涉及的十大重点领域具体包括：新一代信息技术产业、高档数控机床和机器人、航空航天装备、海洋工程装备及高技术船舶、先进轨道交通装备、节能与新能源汽车、电力装备、农业装备、新材料、生物医药及高性能医疗器械。❷

在构建产业知识产权联盟方面，由产业内企业等专利主体联合成立，以开展专利组合运用或专利池运营为中心自愿结盟形成联合体。产业知识产权联盟按专利组合和专利池可分为两类：前者通过简单构建专利组合，形成产业知识产权联盟，并不过于追求是否具有核心专利，或者甚至不具有构建核心专利组合能力，也不强求对

---

❶ 关于采取股权投资方式支持知识产权运营机构名单公示［EB/OL］. 来源：国家知识产权局，发布时间：2015－05－21，网址：http：//www.sipo.gov.cn/tz/gz/201505/t20150521_1120692.html.

❷ 王梦婷."平台＋机构＋产业＋资本"四位一体的知识产权运营发展新模式［EB/OL］. 来源：IPRdaily，发布时间：2015－12－17，网址：http：//www.iprdaily.cn/article_11386.html.

外进行专利实施许可。这种类型通常适用于竞争力薄弱的行业，通过共同构建专利组合，达到降低成本，保护成员的产业利益。后者通过构建专利池形成产业知识产权联盟，一般只有具有核心技术的专利才能进入专利池，并由此形成一个公共许可交易平台。❶ 2015年4月，国家知识产权局印发《产业知识产权联盟建设指南》（以下简称指南）以此为开端，旨在促进知识产权与产业发展深度融合。截至2016年1月，已有56家联盟符合指南有关要求，予以备案。其中包括11个省市和一家行业协会，其中北京市13家，江苏省、山东省各11家，四川省6家，广东省5家，河南省3家，重庆市2家，辽宁省、吉林省、浙江省、湖南省、中国电子材料行业协会各1家。❷

（4）资本。知识产权股权基金是知识产权投融资的主要模式之一，也是实现技术创新价值和收益的一种途径。国家知识产权局《关于进一步推动知识产权金融服务工作的意见》，明确提出了"积极实践知识产权资本化新模式"。推动知识产权金融产品创新。鼓励各地建立知识产权金融服务研究基地，为产品及服务模式创新提供支持；鼓励金融机构开展知识产权资产证券化，发行企业知识产权集合债券，探索专利许可收益权质押融资模式等，为市场主体提供多样化的知识产权金融服务。❸ 2015年11月9日，我国首只国家资金引导的知识产权股权基金——国知智慧知识产权股权基金正式发布。基金主发起方为北京国之专利预警咨询中心，是首批"国家

---

❶ 简谈知识产权运营之四：联盟能成为运营突破口吗［EB/OL］. 来源：搜狐，发布时间：2016-10-22，网址：http://mt.sohu.com/20161022/n471035002.shtml.

❷ 关于公布备案在册的产业知识产权联盟名单的通知［EB/OL］. 来源：国家知识产权局，发布时间：2016-01-26，网址：http://www.sipo.gov.cn/tz/gz/201601/t20160126_1233819.html.

❸ 关于进一步推动知识产权金融服务工作的意见［EB/OL］. 来源：国家知识产权局，发布时间：2015-04-03，网址：http://www.sipo.gov.cn/tz/gz/201504/t20150403_1097085.html.

专利运营试点企业"。该基金将主要投资目标定为拟挂牌"新三板"的企业，所投资金将用于开发、挖掘各类企业的知识产权，并帮助中小企业有效地获取核心技术专利，以满足自身发展所需求。❶ 实践中，睿创专利运营基金、国知智慧知识产权股权基金、北京市重点产业知识产权运营基金成立、四川省知识产权质押融资风险补偿基金、山东省知识产权质押融资风险补偿基金、广东省知识产权质押融资风险补偿基金、福建省小微企业专利权质押贷款风险补偿资金等纷纷成立，支持高价值专利的资本运营。

从国外专利资本化的典型模式看，值得注意的是"主权专利基金"（Sovereign Patent Funds，简称 SPFs）的迅速崛起。近年来，日本、韩国和法国政府相继设立主权专利基金，预示着专利交易市场的竞争模式进入全新的发展阶段。主权专利基金在扶持国内产业参与国际竞争方面具有积极意义。但也可能演变为一种潜在的贸易防御措施，并激发新一轮的全球专利竞赛。❷ 实践中，我国政府也在逐步开启对主权专利基金运营模式的初步探索。

此外，行业协会在高价值专利的培育与实施过程中也发挥着重要作用。2008 年《国家知识产权战略纲要》提出，充分发挥行业协会的作用，支持行业协会开展知识产权工作。制定并实施地区和行业知识产权战略。建立健全重大经济活动知识产权审议制度。扶持符合经济社会发展需要的自主知识产权创造与产业化项目。充分发挥行业协会的作用，支持行业协会开展知识产权工作，促进知识产权信息交流，组织共同维权。加强政府对行业协会知识产权工作的监督指导。此外，《深入实施国家知识产权战略行动计划（2014—2020 年）》提到"加强专利协同运用，推动专利联盟建设，建立具

---

❶ 任霞. 全球知识产权股权基金运营模式浅析 [J]. 中国发明与专利，2016 (10)：23 – 27.
❷ 孟奇勋，张一凡，范思远. 主权专利基金：模式、效应及完善路径 [J]. 科学学研究，2016，34 (11)：1655 – 1662.

有产业特色的全国专利运营与产业化服务平台"。在新形势下，发挥产业技术联盟、行业协会等在创新体制改革及知识产权保护中的优势与作用，建立产业知识产权联盟，构建"四位一体"运营体系，对高价值专利的价值实现具有重要意义。

第六章

高价值专利培育典型案例

2015年江苏省"高价值专利培育项目"立项已经近四年，通过对第一批立项项目的案例进行征集，初步总结了高价值专利培育过程中的成果、问题以及经验。"高价值专利培育计划，就是要推动企业、高校院所、知识产权服务机构加强合作，体现效益。江苏省建设高价值专利培育中心，就是要围绕江苏省重点发展的战略性新兴产业和传统优势产业开展创新，在主要技术领域创造一批创新水平高、权利状态稳定、市场竞争力强的高价值专利，抢占产业发展的制高点，并探索一套可复制可推广的高价值专利培育路径。"❶ 本章以纳米碳材料及其规模化应用项目以及抗肿瘤原创药物案例为对象，按照项目背景、规范建设、项目成效以及实施经验四个方面予以介绍。

第一节 纳米碳材料及其规模化应用技术高价值专利培育

一、项目背景

2015年，江苏省知识产权局印发了《江苏省高价值专利培育计划组织实施方案（试行）》，明确提出"建成一批集企业、高校科研院所、知识产权服务机构三位一体的高价值专利培育示范中心，培育一批国际竞争力强、具有较强前瞻性、能够引领产业发展的高价值专利，为建设知识产权强省、加快我省产业转型升级提供强有力支撑"。在江苏省高价值专利培育计划的指导思想下，中国科学院

---

❶ 赵建国. 培育高价值专利：助推产业转型的新探索［N］. 中国知识产权报，2016-06-24（2）.

苏州纳米技术与纳米仿生研究所（以下简称纳米所）联合本地下游企业苏州锦富新材料有限公司（以下简称锦富新材）以及上游企业苏州格瑞丰纳米科技有限公司（以下简称格瑞丰）、苏州捷迪纳米科技有限公司（以下简称捷迪纳米），以及知识产权领域内知名服务机构广州奥凯信息咨询有限公司，南京利丰知识产权代理有限公司（有限合伙）等，成立产学研服为一体的高价值专利培育体系（如图6-1所示）。高价值专利培育过程充分发挥科研机构、企业以及服务机构的资源优势。纳米所在纳米碳材料及其规模化应用技术方面具备深厚的研发优势，在专利管理方面积累了丰厚的经验，加之企业敏锐的市场洞察力以及服务机构在专利信息资源利用方面的丰富经验，使得纳米碳材料及其规模化应用技术产学研高价值专利培育体系得以顺利进行。

纳米碳材料通常指在三维空间中至少有一维处于纳米尺度范围或由它们作为基本单元构成的材料，这些材料在纳米量级体现出独特的优异性质，吸引了无数的科学研究，使得纳米材料在能源、材料、医学、电子、机械、化工等领域具有广泛的应用前景。但是，目前纳米碳材料的工业化高质量生产问题还没有完全解决，给全球碳纳米产业的发展和深入研究带来一定的阻力。基于此，以高价值专利培育体系为依托，以纳米碳材料及其规模化应用技术为研究目标，充分发挥项目组各单位优势，持续推动江苏省产业集群化、规模化发展。其中，所涉及的纳米碳材料主要为碳纳米管、石墨烯的制备及其应用。纳米碳材料及其规模化应用技术高价值专利培育项目，拟在3年时间里利用纳米碳材料及其规模化应用技术领域的产学研环境，通过先试先行建立高价值专利培育规范，并在此规范的基础上部署一批面向市场的围绕纳米碳材料及其规模化应用技术的高价值专利组合，对布局的专利组合展开运营（如表6-1所示）。

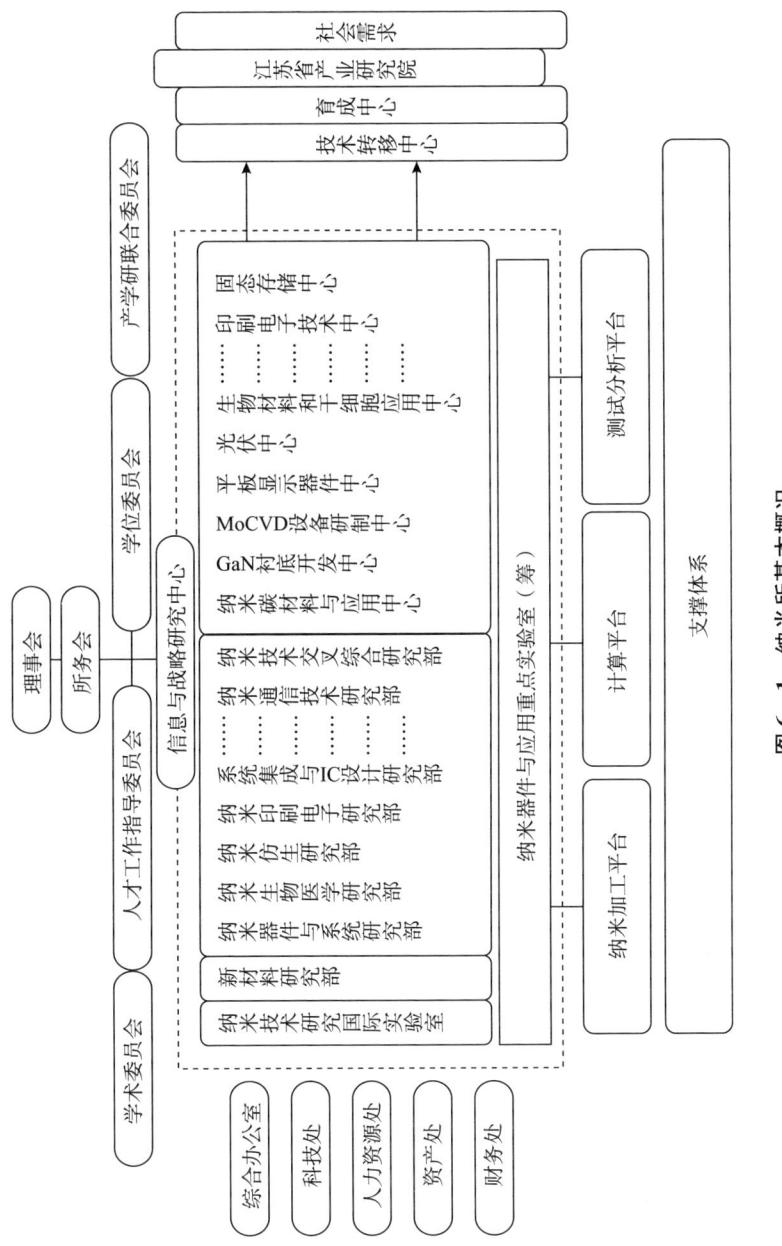

图 6-1 纳米所基本概况

表6-1 高价值专利培育计划

任务名称	开始时间	完成	2015年 6月	2015年 12月	2016年 6月	2016年 12月	2017年 6月	2017年 12月	2018年 6月
启动会	2015/6/1	2015/6/30							
培育制度建设、态势分析报告	2015/7/1	2015/12/31							
管理平台建设、专利布局总体方案	2016/1/1	2016/6/30							
第一年布局方案、态势报告更新	2016/7/1	2016/12/31							
实现第一年布局目标、共享平台建设	2017/1/1	2017/6/30							
态势分析报告更新、第二年布局方案	2017/7/1	2017/12/31							
实现第二年布局目标、专利申请	2018/1/1	2018/6/30							

二、规范建设

高价值专利培育规范是引导高价值专利培育项目顺利进行的基础，确保高价值专利产出的科学性和必然性，以及高价值专利和市场化动态紧密关联，支撑后期知识产权运营工作的展开。目前，纳米碳材料及其规模化应用高价值专利培育项目实施过程的培育流程如下（如图6-2所示）。

（一）专利态势分析

在专利态势分析环节，由专利分析师及技术人员进行充分的沟通与合作，对纳米碳材料及其规模化应用的国内外现有专利以及市场情况进行深入分析，了解本领域的研发现状以及未来的发展趋势。

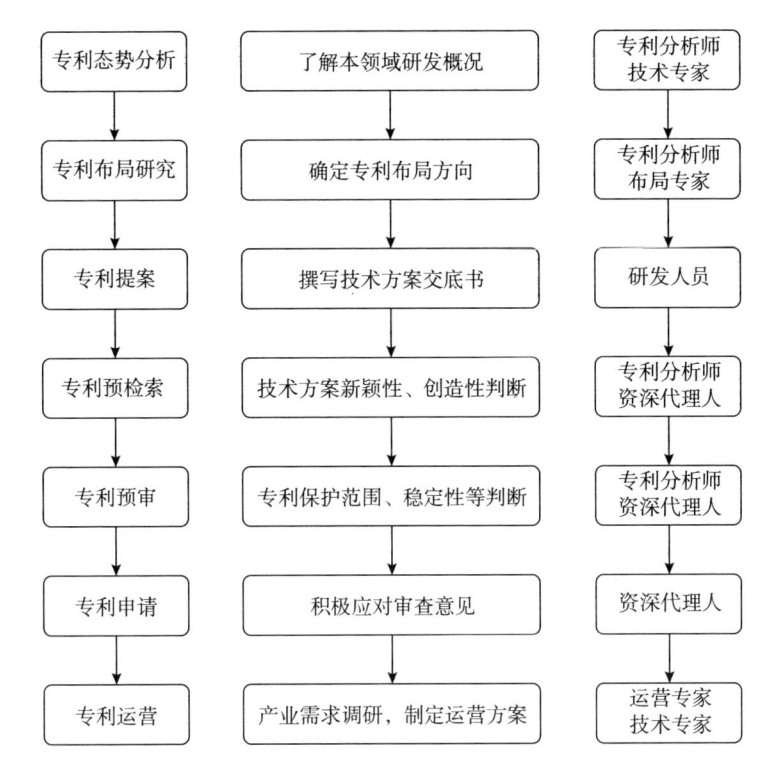

```
专利态势分析        了解本领域研发概况        专利分析师
                                        技术专家
     ↓                  ↓                  ↓
专利布局研究        确定专利布局方向        专利分析师
                                        布局专家
     ↓                  ↓                  ↓
专利提案            撰写技术方案交底书       研发人员
     ↓                  ↓                  ↓
专利预检索         技术方案新颖性、创造性判断  专利分析师
                                        资深代理人
     ↓                  ↓                  ↓
专利预审           专利保护范围、稳定性等判断  专利分析师
                                        资深代理人
     ↓                  ↓                  ↓
专利申请            积极应对审查意见         资深代理人
     ↓                  ↓                  ↓
专利运营          产业需求调研，制定运营方案   运营专家
                                        技术专家
```

图 6-2　高价值专利培育流程

（二）专利布局研究

在专利态势分析的基础上，由专利分析师以及专利布局专家依据专利态势分析报告的结果，确定专利重点布局的方向，并对可以布局的方向进行深度分析，寻找技术的空白点和市场空白点，并形成布局方案。

（三）专利提案

研发人员依据专利布局方案，在可布局点进行有针对性的研究，研究初步完成时开始撰写技术交底书，提高专利申请文件的撰写质量和申请效率，使专利代理人更容易理解发明人发明构思的特点。

(四) 专利预检索

在完成技术交底书的撰写之后,由专利分析师以及资深代理人进行案前的专利预检索,以判断该技术的新颖性及创造性。

(五) 专利预审

专利预审程序指的是,对预检索后筛选出来的具有新颖性及创造性的技术,由专利分析师及资深代理人进一步对专利的保护范围以及权利的稳定性等进行预审,以缩短专利审查周期,提高专利授权的几率。

(六) 专利申请

对经过专利预检索和预审查程序的技术,正式提交专利申请,在申请过程中由资深专利代理人对专利审查员发出的审查意见通知书进行积极答复,以确保获得保护范围合理、权利稳定的专利权。审查意见通知书与意见陈述书是审查员与申请人之间沟通的重要媒介,其中审查意见通知书是申请人了解申请走向最主要的信息来源,在专利申请的审查过程中扮演着重要角色。[1]

(七) 专利运营

专利运营一般是指通过对专利或专利申请进行管理,促进专利技术的应用和转化,实现专利技术价值或者效能的活动。[2] 在专利申请以及获得授权的过程中,由运营专家对产业及市场需求展开充分调研,由技术专家对专利技术方案与市场关联度进行把关,共同制定运营方案。专利的制度体系、创新的全流程以及价值实现的全过程,都需要专利运营的参与。

---

[1] 张锦广. 浅谈对审查意见通知书的答复 [C]. 中华全国专利代理人协会年会知识产权论坛, 2014.

[2] 深圳市场监督局发布《企业专利运营指南》全文 [EB/OL]. 来源:快技网, 发布时间: 2016-04-05, 网址: http://www.ipcoo.cn/zhanlue/201501/00000028.html.

(八) 产出规范

在高价值专利的培育规范中,高价值专利的产出规范尤为重要。图6-3结合项目组各个单位的职责,揭示了目前纳米碳材料及其规模化应用高价值专利产出的培育流程。高价值专利产出主要分为四个阶段,分别为申请准备阶段、申请阶段、审查和授权阶段以及救济阶段。

(1) 申请准备阶段。苏州纳米所根据专利服务机构奥凯提供的态势分析报告,以及布局研究报告中分析的技术空白点、市场空白点以及未来发展方向,结合包括锦富、格瑞丰、捷迪在内的上下游协作企业对市场信息的积极反馈,对可布局点技术进行研发、筛选和确认,针对确认研发的技术点在服务机构利丰进行建档备案。在此基础上,产学研服多方分别从技术、法律以及经济三个角度,对选定布局点的价值进行评估。其中,纳米所主要从技术方面评估,专利服务机构主要通过案前检索从法律角度评估,而企业则主要根据市场情况从经济角度进行评估。根据多方评估结果,确定专利申请的策略。

(2) 申请阶段。在申请准备阶段确定的专利申请策略基础上,利丰进行专利申请文件的撰写及内部审核形成初稿;初稿经纳米所、奥凯以及锦富、格瑞丰、捷迪三家企业的共同审核,定稿后进行申请递交。

(3) 审查和授权阶段。根据审查员发出的审查意见通知书,项目组共同商讨研究答复及修改策略;利丰依据共同研究的策略撰写审查意见回复并进行内部审核;项目组三方单位对形成的意见答复初稿进行审核,审核通过后形成意见陈述以及申请文件的定稿并完成递交。对多次审查意见通知书的情况,进行审查意见答复时依次按照此程序进行,直到结案(授权/驳回)。

(4) 救济阶段。针对被驳回的案件,项目组各个成员共同制定复审策略,利丰根据制定的复审策略撰写复审请求书初稿并进行内

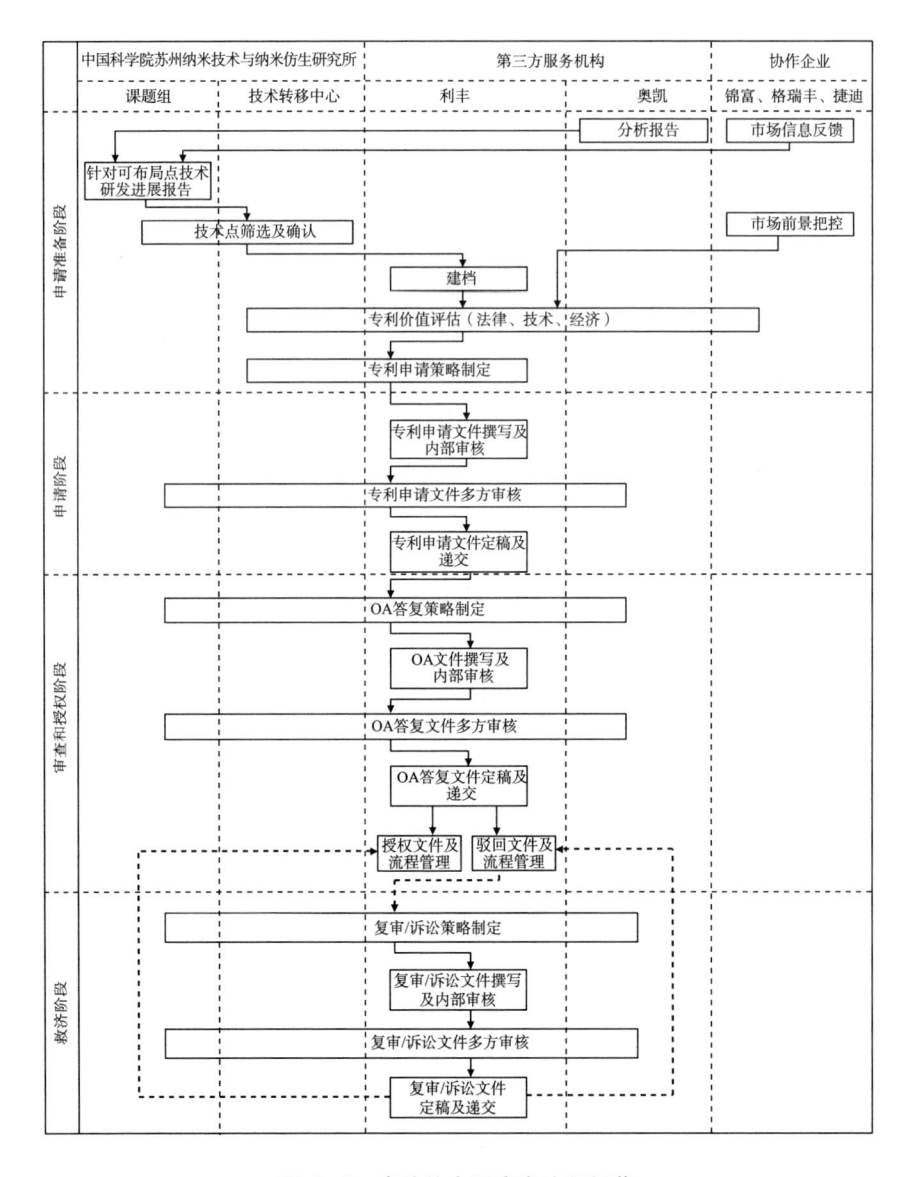

图 6-3 高价值专利产出流程规范

部审核，项目组成员对复审初稿进行多方审核，利丰依据多方审核过程的意见对复审文件进行进一步修改并递交。基于复审结果确定是否要进行诉讼，如果复审请求被驳回，依照此程序提起诉讼；如果复审请求被撤回驳回，则结案。

三、项目成效

项目预计，自 2015 年 6 月至 2018 年 6 月期间，在项目组内部建立可复制经验模式的高价值专利培育标准规范、可实现线上标准化管理的知识产权全生命周期管理平台及线下检索分析的信息化平台，形成石墨烯及碳纳米管的相关态势分析报告及布局研究报告，并依此部署一批面向市场的围绕纳米碳材料及其规模化应用技术的高价值专利申请，依据市场信息加大对产出专利的运营。图 6-4 展示了纳米碳材料及其规模化应用项目具体目标。

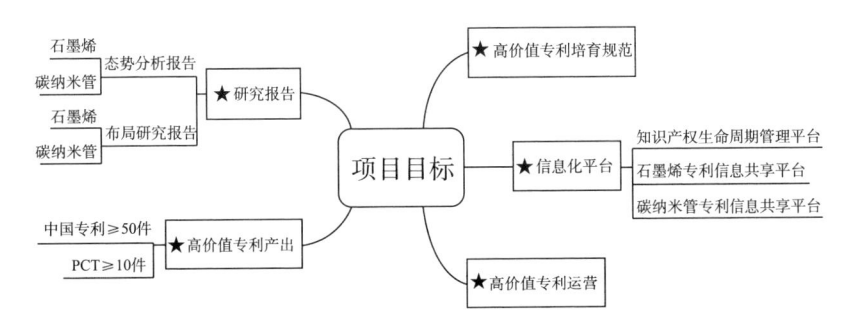

图 6-4 纳米碳材料及其规模化应用项目具体目标

（一）培育标准规范

苏州纳米所技术转移中心与奥凯、利丰、企业以及相关专家，初步拟定了与纳米碳材料领域相关的高价值专利申请评议的流程规范，并且初步应用该规范从技术、市场和法律等多个角度，对纳米所及捷迪纳米等近期产出的纳米碳材料领域的相关技术进行了评议。同时，项目组初步制定了与纳米碳材料相关的化学材料领域为重点方向的高价值专利的申请评审标准，针对专利申请文件的各个组成部分，分别制定相关的评审重点和评审指标，以求有针对性地提高专利申请的撰写质量，为高价值专利的产出夯实基础。

(二) 态势分析报告

根据纳米碳材料的产业发展现状以及项目组的技术优势,选定石墨烯和碳纳米管两种材料作为重点培育方向。对包含 50 多个技术分支的石墨烯,80 多个技术分支的碳纳米管展开分类导航及态势分析。在此基础上,明确纳米碳材料领域的发展方向以及技术空白,为后续专利布局以及实施夯实基础。

(三) 布局研究报告

结合项目组的技术研发现状以及市场信息,确定石墨烯、碳纳米管作为布局报告的方向以及提纲,从前瞻性以及现有技术这两个角度进行布局分析,确定了石墨烯以及碳纳米管的可布局点。

(四) 知识产权全生命周期管理平台

建立完全满足苏州纳米所内部个性化需求的知识产权全生命周期管理平台,平台主要包含"专利列表及表单""数据导入""费用模块"等功能模块,其中,费用模块可以根据国家知识产权局的费用减免政策、地方资助政策等随时调整,管理平台可对专利管理流程的各个状态(申请文件、第一次审查意见通知书、修改文件、意见答复等)的文件形成一列完整信息的显示;实现 CPC 直接对接;为项目组实现高效的专利管理提供平台保障。

(五) 专利信息共享平台

建立覆盖石墨烯领域 48 个技术分支,20 279 件专利,碳纳米管 80 个技术分支,40 000 件专利的专利信息共享平台(如图 6-5 所示),同时支持检索、分析、预警等功能的石墨烯、碳纳米管及其规模化应用技术,便于课题组以及研发人员实时了解行业最新专利,为开展战略情报分析、科技创新提供支持。

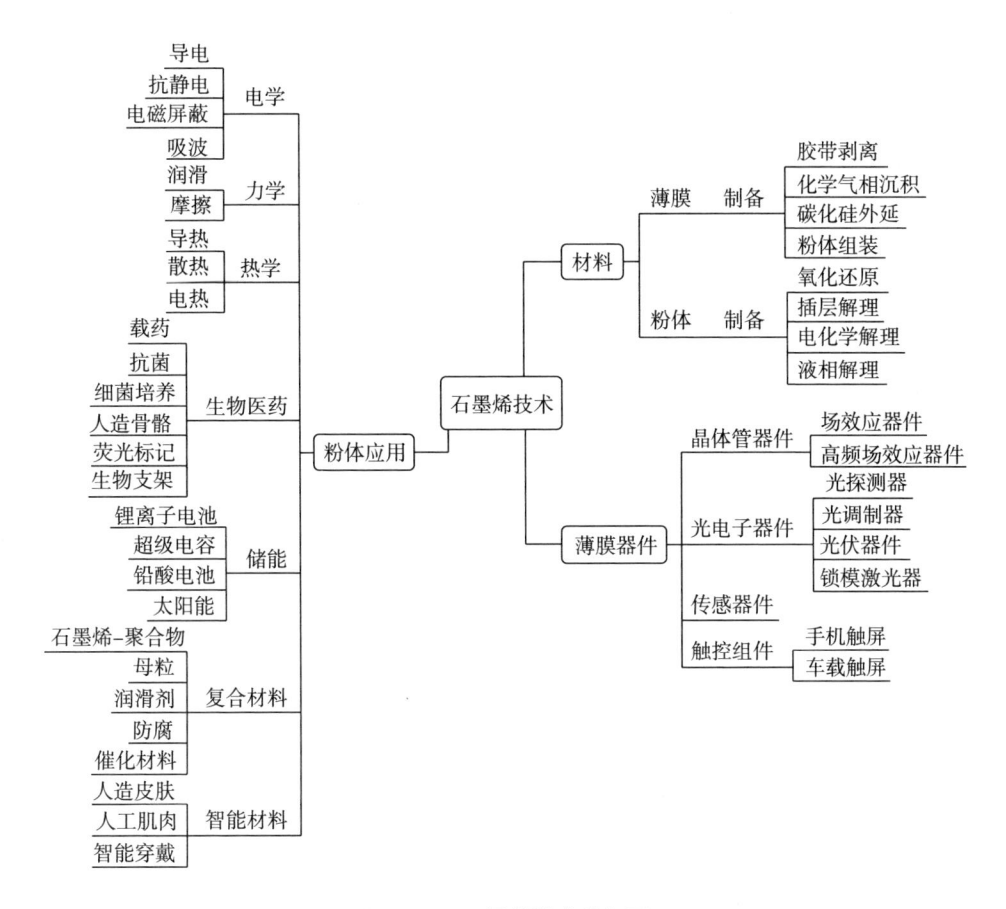

图 6-5　石墨烯技术分解图

（六）高价值专利申请

截至 2018 年 4 月，申请专利共计 95 件，其中，国内申请 78 件，PCT 申请 17 件，主要涉及碳纳米管、石墨烯及其复合材料的制备以及石墨烯薄膜器件等。

（七）专利运营

通过对各技术方向的产业化现状以及企业研发动态调研后，对已申请的专利展开运营。截至 2016 年 11 月，碳纳米管在防弹领域的 3 件专利组合已转让成功，转让金额达到 200 万元；锂碳复合材料的 5 件专利已经完成许可，许可费用高达 950 万元，以及为期 15

年的每年 0.5% 的销售提成。

四、实施经验

纳米碳材料及其规模化应用项目的顺利进行，与项目组各个单位之间的通力合作密不可分。在该项目执行期间，项目组各单位各司其职，积极配合是保障项目顺利进行的法宝。广州奥凯公司在项目执行过程中发挥统筹安排、科学管理的作用，整合苏州纳米所、南京利丰以及产业链上下游企业等各方资源，引领整个项目科学、高效、顺利地进行。苏州纳米所在纳米碳材料及其规模化应用领域拥有强大的科研团队以及技术基础，本地上下游企业具有极强的市场敏感性和知识产权意识，南京利丰与苏州纳米所建立多年的合作关系，在纳米碳材料领域具备丰富的经验，这都为高价值专利培育工作的顺利开展提供了良好的合作基础。纳米碳材料及其规模化应用项目自 2015 年 6 月起至今执行已到尾声，随着项目工作的不断开展，项目组也积累了丰富的经验。

（一）项目团队合作

首先，作为项目执行过程的首要因素，需要加强项目组的团队合作。纳米碳材料及其规模化应用项目在执行过程中，下游企业捷迪纳米科技有限公司根据市场情况意欲在应用于电热方面的浮动催化法制备碳管薄膜领域有所深耕，申请专利；奥凯公司依此需求，展开分析和布局，寻找突破点，挖掘出可布局的技术点；技术人员针对奥凯提供的布局建议在潜在的突破点定向研发；在专利申请之前，奥凯及利丰针对研发人员提供的技术交底书，展开相应的前案检索及前案审查，利丰根据前案检索及审查结果，撰写高质量专利申请（如图 6-6 所示）。

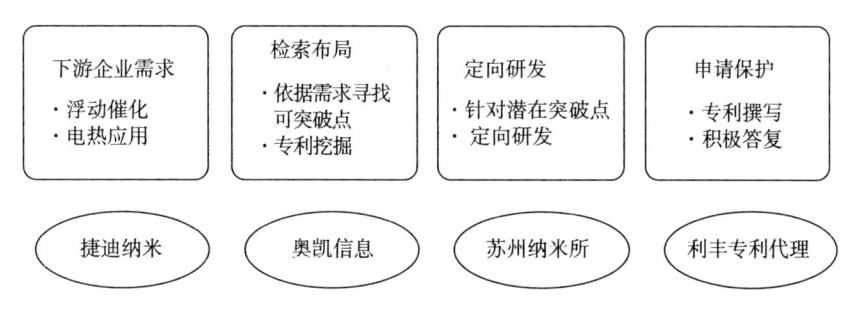

```
┌──────────────┐  ┌──────────────┐  ┌──────────────┐  ┌──────────────┐
│ 下游企业需求 │  │   检索布局   │  │   定向研发   │  │   申请保护   │
│ ·浮动催化    │  │ ·依据需求寻找│  │ ·针对潜在突破点│ │ ·专利撰写    │
│ ·电热应用    │  │  可突破点    │  │ ·定向研发    │  │ ·积极答复    │
│              │  │ ·专利挖掘    │  │              │  │              │
└──────────────┘  └──────────────┘  └──────────────┘  └──────────────┘

  ( 捷迪纳米 )      ( 奥凯信息 )      ( 苏州纳米所 )    ( 利丰专利代理 )
```

图6-6 项目组的团队合作

（二）规范培育流程

根据新闻动态以及市场分析，新材料在国防建设中的推广应用引起了各大国防单位的高度重视，其中，防弹防刺抗冲击性能是国防应用中特别值得关注的，而该性能则是纳米碳材料最显著和优异的特征之一。同时，结合碳纳米管的态势分析报告可以发现，浮动催化裂解法是碳纳米管制备领域最具规模化前景的一种方法，并且在防弹防刺领域的应用恰好存在专利空白点，因此，可以从制备到产品再到应用这一产业链展开专利布局（如图6-7所示）。研发人员据此有目的地进行研发并撰写技术交底书，专利分析人员及资深代理人同时开展案前检索及预审查，进一步完成专利撰写及申请。

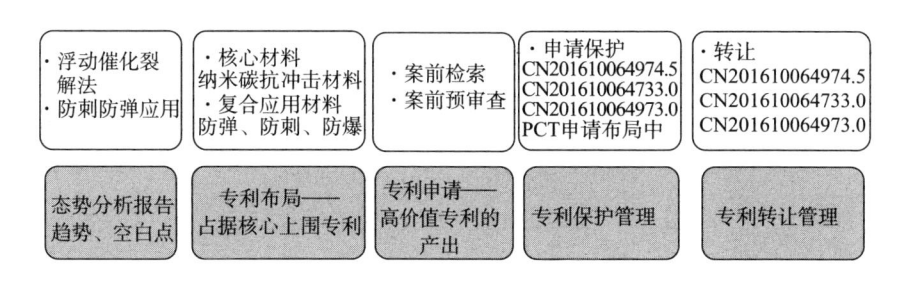

```
┌──────────┐ ┌──────────┐ ┌──────────┐ ┌──────────────┐ ┌──────────────┐
│·浮动催化裂│ │·核心材料 │ │·案前检索 │ │·申请保护     │ │·转让         │
│ 解法     │ │ 纳米碳抗冲│ │·案前预审查│ │CN201610064974.5│CN201610064974.5│
│·防刺防弹 │ │ 击材料   │ │          │ │CN201610064733.0│CN201610064733.0│
│ 应用     │ │·复合应用材│ │          │ │CN201610064973.0│CN201610064973.0│
│          │ │ 料防弹、防│ │          │ │PCT申请布局中 │ │              │
│          │ │ 刺、防爆 │ │          │ │              │ │              │
└──────────┘ └──────────┘ └──────────┘ └──────────────┘ └──────────────┘
┌──────────┐ ┌──────────────┐ ┌──────────┐ ┌──────────────┐ ┌──────────────┐
│态势分析报告│ │专利布局——   │ │专利申请——│ │专利保护管理  │ │专利转让管理  │
│趋势、空白点│ │占据核心上围专利│ │高价值专利的│ │              │ │              │
│          │ │              │ │产出      │ │              │ │              │
└──────────┘ └──────────────┘ └──────────┘ └──────────────┘ └──────────────┘
```

图6-7 专利培育流程案例

从技术交底书到专利申请，从专利保护到专利运营皆在知识产权全生命周期管理平台线上进行管理（如图6-8所示），方便不同角色之间的交互，同时还能可视化显示专利动态，实现科学高效的专利管理。同时，在专利布局、申请阶段即开始寻求相关联企业，制定运营方案，由此提供更多的选择机会，提高运营效益，而无需等到专利授权之后再着手运营。

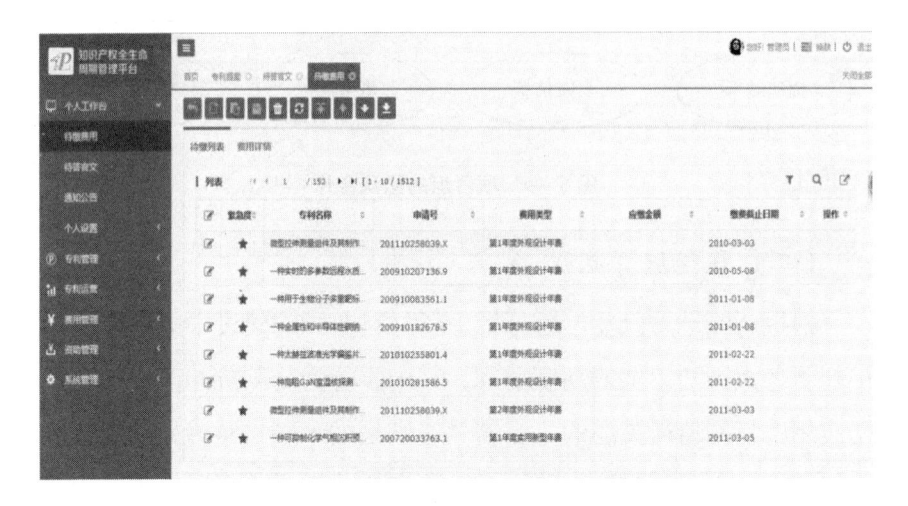

图6-8　知识产权全生命周期管理平台

（三）丰富运营策略

在碳纳米管态势分析报告中，指出锂碳复合材料制备这一技术分支存在的技术难点和障碍，而苏州纳米所在该领域恰好已有较好的专利基础。苏州纳米所的基础专利对包括天津中能锂业有限公司在内的多位竞争对手的专利进行了改进，天津中能锂业的专利存在"制备锂电池的步骤烦琐，电池使用过程易产生支晶"等缺陷。因此，在碳纳米管专利布局过程中，针对苏州纳米所已有的基础专利"锂碳复合材料电极"展开周边专利布局以及进一步技术改进的专利布局；相继申请4件相关专利（如图6-9所示）。随后，利用竞争对手天津中能锂业的技术短板进行谈判展开运营，以专利包的形式进行许可。

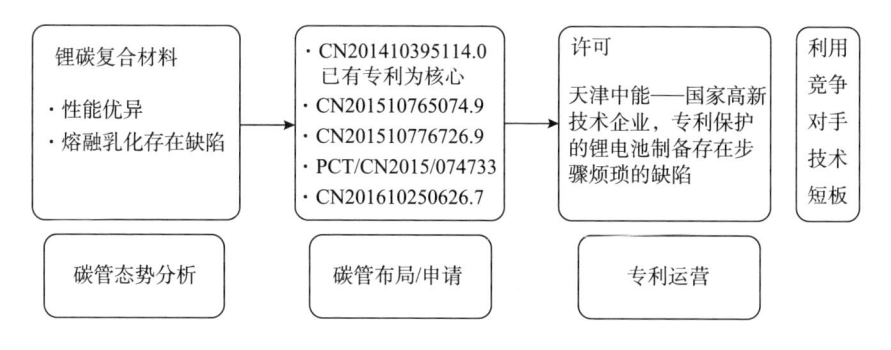

```
┌─────────────────┐    ┌──────────────────────┐    ┌──────────────────┐    ┌────┐
│ 锂碳复合材料    │    │ · CN201410395114.0   │    │ 许可             │    │利  │
│                 │───▶│   已有专利为核心     │───▶│ 天津中能——国家  │    │用  │
│ · 性能优异      │    │ · CN201510765074.9   │    │ 高新技术企业,专利│    │竞  │
│ · 熔融乳化存在  │    │ · CN201510776726.9   │    │ 保护的锂电池制备 │    │争  │
│   缺陷          │    │ · PCT/CN2015/074733  │    │ 存在步骤烦琐的   │    │对  │
│                 │    │ · CN201610250626.7   │    │ 缺陷             │    │手  │
└─────────────────┘    └──────────────────────┘    └──────────────────┘    │技  │
                                                                           │术  │
   ┌──────────────┐       ┌──────────────┐            ┌──────────┐         │短  │
   │ 碳管态势分析 │       │ 碳管布局/申请│            │ 专利运营 │         │板  │
   └──────────────┘       └──────────────┘            └──────────┘         └────┘
```

图6-9 专利布局运营策略

（四）完善沟通机制

随着纳米碳材料及其规模化应用项目的进行，项目成员遇到了一些沟通上的问题，但是经过项目组的积极协调和一致努力，问题最终得到了较好的解决。项目组各单位设置了专职的沟通人员，并形成及时的反馈机制，避免沟通不畅延误项目进展。此外，项目组不断丰富沟通方式，利用电话、邮件、周报等多种形式进行沟通，在项目进行的重要节点，邀请各个单位的重要成员参与讨论，对项目进度、项目组之间讨论及沟通信息及时分享。

（五）加强布局意识

在项目执行的过程中，也存在科研人员对市场不够敏感等现象。针对这一问题，一方面，项目组进行了专项培训，结合高校以及研究院所在知识产权方面的重大成败案例，对科研人员积极开展专利信息利用讲座；另一方面，以苏州纳米所知识产权工作进展突出的课题组为目标，进行先行先试，尽快利用专利布局及运营等手段创造可见的经济价值，在苏州纳米所乃至整个项目组营造良好氛围，从而提高研发人员对专利信息利用的重视程度。

第二节　抗肿瘤原创药物高价值专利培育

本项目以小分子靶向抗肿瘤药物、抗体药物偶联物技术以及肿瘤免疫治疗技术作为主要研发方向，希望突破一批关键技术和共性技术，不断缩短与国外在抗肿瘤药物领域的差距，甚至在某些靶点的研究和药物开发方面争取突破，赶超世界先进水平。同时，通过丰富创新抗肿瘤药物产品种类，提高药物产品质量，规范药物行业产品标准体系，加快我国医药产业和产品结构优化升级。

一、项目背景

近年来，全球癌症发病率不断增加，癌症对人类威胁日益加剧，在许多国家和地区，恶性肿瘤已经成为威胁人类健康的头号杀手。在我国，抗肿瘤药物的市场规模也在扩大，呈现逐年快速增长趋势。但是国内医药企业仅注重短期的经济利益，过分依赖原料药和仿制药的生产，高品质创新药物主要依赖进口，远远不能满足国内医疗的需求，同时也造成药品价格居高不下，大大增加了患者的费用负担。为此，江苏恒瑞医药股份有限公司（以下简称恒瑞）联合中国药科大学、高端知识产权服务机构北京国知专利预警咨询有限公司（以下简称国知）和北京戈程知识产权代理有限公司（以下简称戈程）共同创建抗肿瘤原创药物高价值专利培育示范中心，在高价值专利培育过程充分发挥企业、高校以及服务机构资源优势，进行具有自主知识产权的创新抗肿瘤药物研发和知识产权保护，形成一批高价值专利技术，开发出一批具有自主知识产权的抗肿瘤新药，以满足国内外患者对高品质抗肿瘤药物的需求。抗肿瘤原创药物高价值专利培育示范中心项目的实施周期为3年（如表6-2所示）。

表6-2 高价值专利培育计划

任务名称	开始时间	完成时间	2015年 6月	2015年 12月	2016年 6月	2016年 12月	2017年 6月	2017年 12月	2018年 6月
启动会	2015/6/1	2015/6/30							
建立高价值专利管理体系、竞争态势分析报告	2015/7/1	2015/12/31							
专利布局总体方案	2016/1/1	2016/6/30							
管理平台、共享平台建设	2016/7/1	2017/6/30							
竞争态势、专利布局报告更新	2016/7/1	2017/6/30							
竞争态势、专利布局报告更新	2017/7/1	2018/6/30							
专利布局、专利运营	2017/7/1	2018/6/30							
将发明专利进行验证，申报新药	2017/7/1	2018/6/30							

二、规范建设

为保证高价值专利培育示范中心项目的顺利进行，研发出一批具有自主知识产权的抗肿瘤新药，形成一批高价值的专利技术，制定科学合理的高价值专利培育规范是必不可少的基础。在搭建示范中心的过程中，恒瑞结合合作方的意见制定了高价值专利培育管理制度，形成了高价值专利培育方案，从专利技术挖掘和专利维护两个方面开展高价值专利培育规范建设。

（一）建立高价值专利技术挖掘体系

技术挖掘是从技术研发中提炼具有专利保护价值的技术创新点

的过程，广义上可包括立项规划、技术成果收集和专利化，具有高度的系统性。由于技术挖掘是形成专利权的基础，因此也可以视为所有专利工作的发端，其基本目标是：通过系统化的人员组织、制度规范，最大化研发成果的专利价值。

（1）组织结构。高价值专利的培育牵涉知识产权、技术研发、市场开拓、战略规划等多个方面，还需要外部合作单位的参与。为此，恒瑞根据自身的管理模式、工作需要设计了与之匹配的顶层架构，实现了各方的顺畅协作（如图 6-10 所示）。2015 年 10 月，由恒瑞牵头，联合北京国知专利预警咨询有限公司、北京戈程知识产权代理有限公司，成立了多方参与、具有管理核心地位的知识产权议事机构，建立了知识产权战略研讨决策例会制度，负责研发方向确定、发明披露审查、专利布局等重大事务的决策协商，制定实施与公司商业竞争策略相匹配的知识产权战略，提高知识产权战略决策能力，以知识产权为导向优化了企业技术创新路径、资源配置和业务链条。除在制度上给予的支持，中国药科大学作为医药研发颇具声誉的高校，也同时与恒瑞开展了技术合作，为恒瑞提供了一部分技术方案，由恒瑞进行专利申请等后续工作。

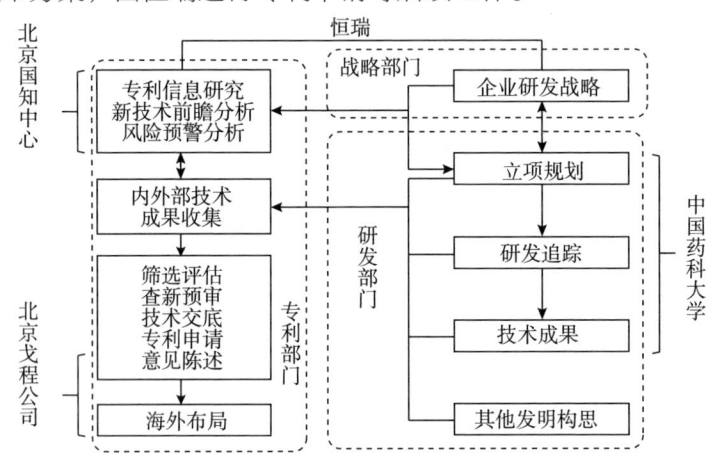

图 6-10 知识产权组织管理结构

（2）管理制度。恒瑞的药物产品线长、涉及疾病类型广，技术挖掘工作千头万绪，同时恒瑞不仅专注国内市场，由于产品已经或者将要进入国外多个市场，对技术挖掘也提出了更高的挑战。目前，服务机构已经根据公司自身研发和专利管理模式，制定了完善的高价值专利培育管理制度。此外，结合北京戈程知识产权代理有限公司对国外不同专利制度相关规定的研究心得，最终编撰了详细的高价值专利技术挖掘的管理制度与操作规程，为技术挖掘设计操作性强的管理制度作为支撑。该制度架构大体可以分为高价值专利培育管理制度总则、适应性细则以及操作规范。具体制度包括高价值专利培育管理制度、专利信息研究制度、技术成果收集与提交制度、专利申请制度等。

（3）操作规范化。为了配合管理制度，适应专利挖掘长期性、系统性的特点，制定前瞻性的战略规划尤其重要。恒瑞将技术挖掘规划作为企业整体战略的一个环节，国知预警咨询有限公司根据恒瑞和中国药科大学对于行业信息和发展的研究，综合考虑行业现状和企业发展方向，特别基于恒瑞自身的特点，制定了相应的技术挖掘规划。技术挖掘规划应当包括挖掘的目标、人员等基本要素，重点突出专项药物研究的挖掘（如图6-11所示）。

在实际操作中，可以从专利信息研究、技术成果的收集以及技术成果的专利化等方面，制定内容更加全面、具体和可操作性更强的规范流程。企业依据上述操作规程和规划，通过挖掘技术方案，直接向北京戈程知识产权代理有限公司提交专利申请技术交底书或者申请文件初稿。由于北京戈程知识产权代理有限公司在前期已经参与到操作规程的制定过程中来，因此配合起来更为得心应手，对于申请文件的撰写、修改等也更具有针对性。

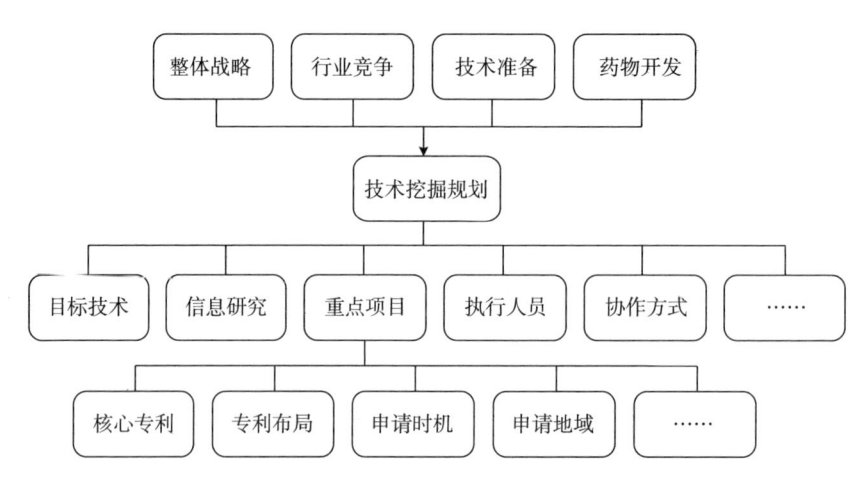

```
          整体战略   行业竞争   技术准备   药物开发
                        │
                   技术挖掘规划
          ┌────┬─────┬─────┬─────┬──────┐
       目标技术 信息研究 重点项目 执行人员 协作方式  ……
                   │
          ┌────┬─────┬─────┬──────┐
        核心专利 专利布局 申请时机 申请地域  ……
```

图6-11 技术挖掘规划书结构图

（二）高价值专利的维护

高价值专利市场价值及法律价值的逐步提升，以及对不同层级专利需求的满足均离不开专利权的持续有效性。因此，在医药高价值专利的价值实现过程中，专利权维护属于不可或缺的工作。具体而言，需要从"专利维持""无效异议应对""侵权维权"三方面展开（如图6-12、图6-13、图6-14所示）。

（1）专利维持。一是对专利申请状态的持续，二是对专利生效状态的维持。药物专利的生命周期普遍较长，导致医药专利在布局上具有数量相对较少、撰写质量要求高、布局更为系统等特点。医药领域高价值专利维持更需体现"维持无需条件，放弃需要充分理由"的管理思路。专利维持由企业内部的专利管理人员担任执行主体，结合国知预警咨询有限公司的竞争态势、侵权与授权前景分析等报告，以及北京戈程知识产权代理有限公司针对专利法律制度的判断，在第一时间判断是否需要维持专利的有效性以及采用何种维持手段。必要时，相关的技术研发人员、市场销售人员、财务管理人员及专利代理机构也可以参与到专利维持工作中，为决策提供辅助意见及专业技术支持。

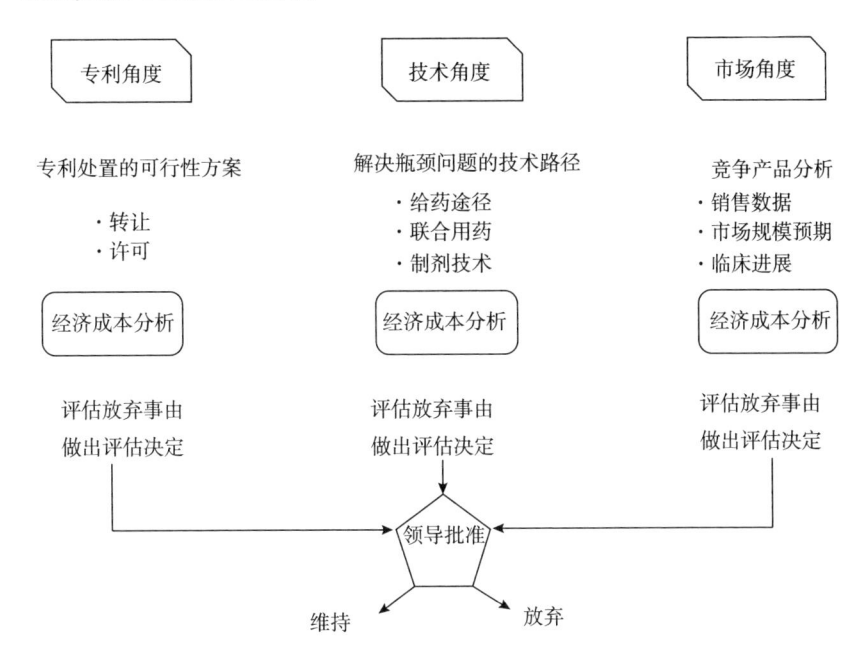

图 6-12　高价值专利权维持的操作流程

（2）专利无效宣告应对。专利无效宣告程序是企业专利运用的常用手段。创新药企业通过系统的专利布局保护创新成果，并利用各国专利保护期延长制度最大程度地获得市场独占期。高价值专利技术的药物在全球化过程中将面临不同地域的专利挑战程序。知识产权部门需要明确专利挑战发起人的国别、程序以及具体规则，从而有针对性地制定应对策略。对于国内的无效宣告，可由国知预警咨询有限公司、北京戈程知识产权代理有限公司与恒瑞通力配合加以应对。由于国外复杂的专利制度和可专利性判断标准，恒瑞则借助北京戈程知识产权代理有限公司建立的与国外知名专利代理事务所的渠道，通过恒瑞、戈程、国外所三方配合的方式来应对国外的专利异议。

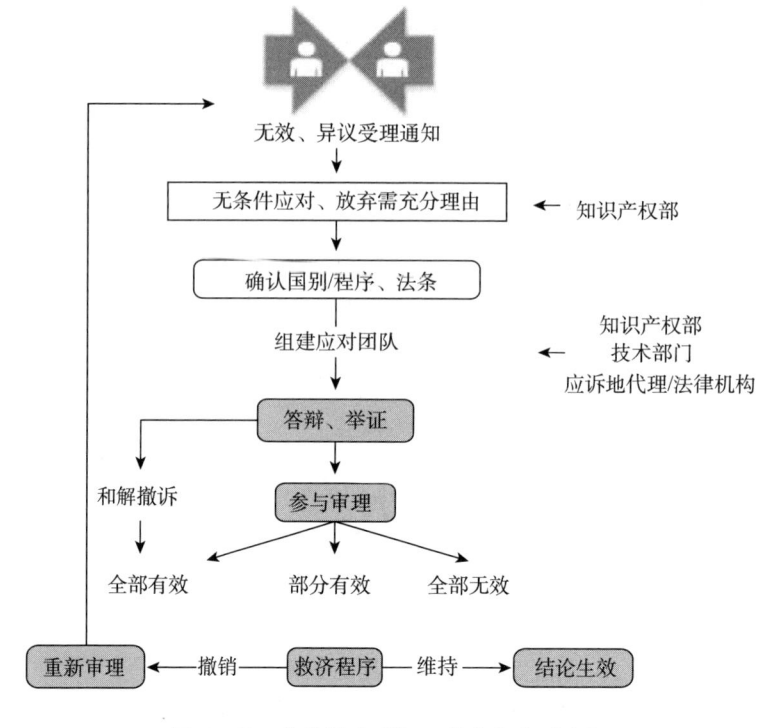

图6-13 高价值专利权无效宣告应对流程

（3）专利侵权维权。基本流程主要包括八个单元：侵权行为监控、组建应急团队、确认专利权有效、收集证据、发送警告函、申请临时禁止令、开展和解谈判、发起侵权诉讼或行政处理。其中，发送警告函、申请临时禁止令并非必经程序，企业可以依据具体情况予以调整。恒瑞、药大负责技术支持，国知、戈程团队负责专利法律内容。此外，在侵权维权程序结束后进行及时评估总结，不仅能够对侵权救济工作进行全面了解，同时也有助于医药企业总结管理上的劣势，全面提升高价值专利的管理能力。

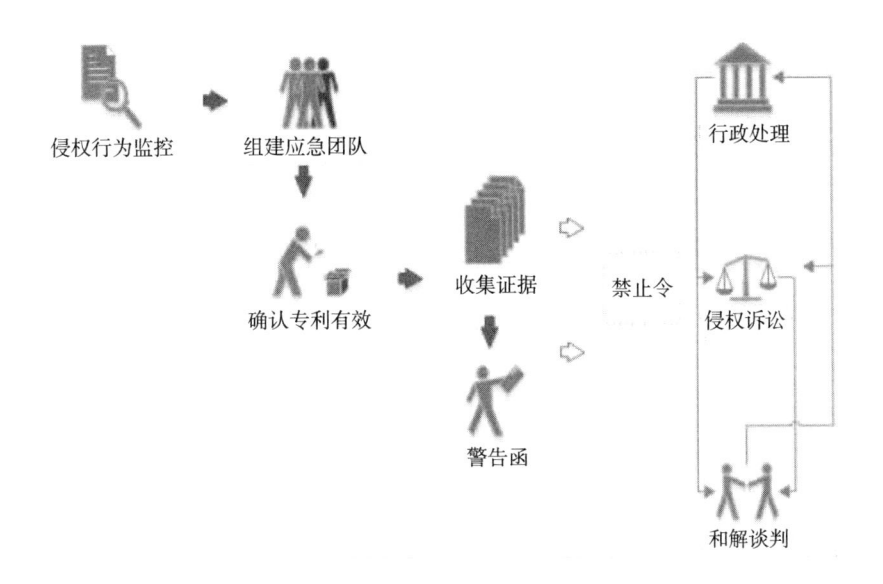

图 6-14　高价值专利侵权维权流程

三、项目成效

由恒瑞主导，联合中国药科大学（以下简称药大）、国知和戈程，4 家单位共同组建江苏省创新药物高价值专利培育中心，通过强强联合和优势互补，制定高价值专利培育管理制度，形成高价值专利培育方案；建立完善的专利申请决策机制，企业与国知预警咨询有限公司紧密联系，对产品相应的基础专利进行详细检索分析，进行专利竞争态势分析，确定研发方向；与中国药科大学合作，在确保产品专利授权前景的前提下将产品技术方案确定并完成产品的初步制备。

（一）专利全流程管理规范

从研发立项至专利运营，全流程实行规范管理，确保高价值专利产出的科学性和必然性。国知和恒瑞在参照药科大学和戈程专业意见的前提下，共同制定《关于高价值专利培育的管理制度》《关于研发立项专利检索的管理规范》《关于专利维持流程的管理规范》

等十项具体管理规范（如图 6-15 所示）。

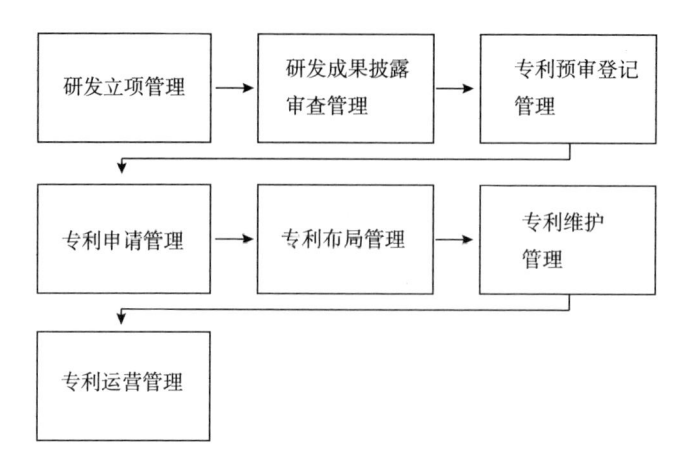

图 6-15　专利全流程管理规范

（二）高价值专利培育方案

双方共同制定高价值专利培育管理制度，形成高价值专利培育方案。以专利技术挖掘管控为主，专利维护管控为辅，项目组成员分工明确，相互协作，从专利信息研究、技术成果专利化、专利维持、专利无效、专利诉讼等方面全方位多角度进行流程管控（如图 6-16 所示）。

（三）专利竞争态势分析与布局研究

为了更好地进行抗肿瘤原创药物的研究，产出具有高价值的专利成果，国知预警咨询有限公司结合恒瑞的研发现状，从小分子靶向药物、抗体偶联药物以及免疫治疗三个方面，形成了《抗肿瘤药物专利竞争态势分析报告（2016 年）》《抗肿瘤药物专利布局研究报告（2016 年）》以及多项专利侵权及授权预警报告（如图 6-17 所示）。

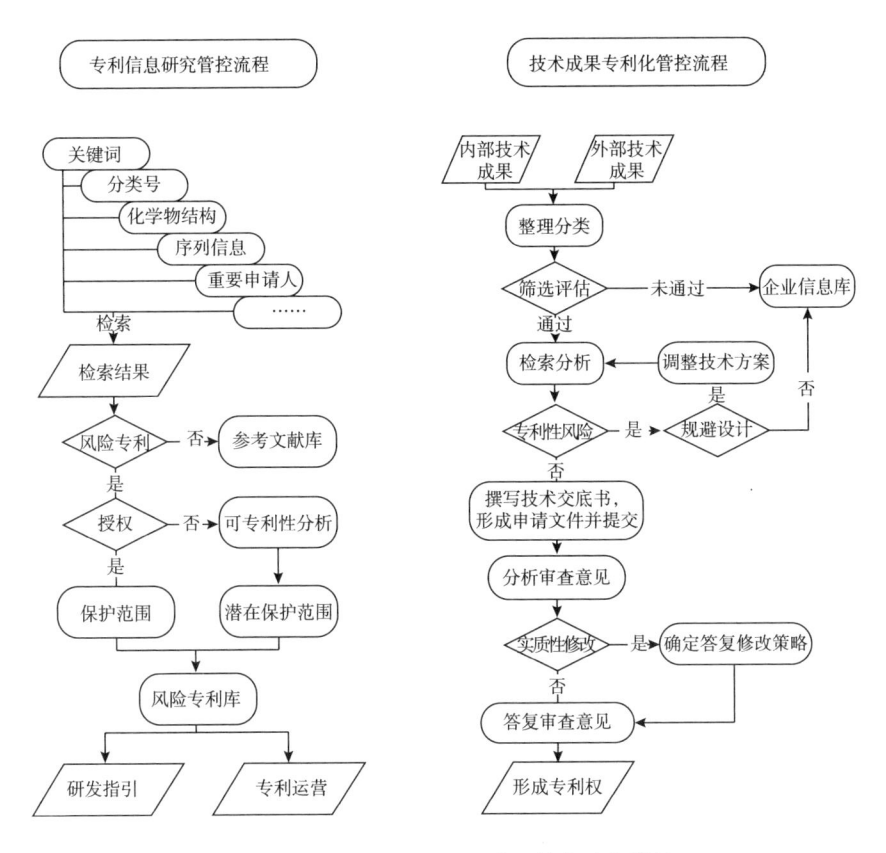

图 6-16　专利信息研究及成果转化流程管控

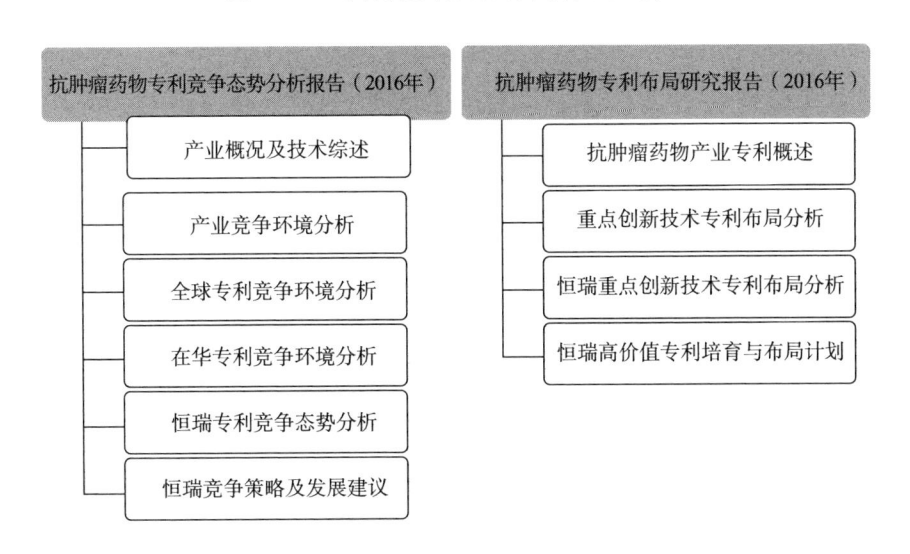

图 6-17　2016 年抗肿瘤药物专利分析

根据抗肿瘤药物的产业环境，通过对全球以及在华专利竞争环境分析，结合恒瑞抗肿瘤药物的专利竞争态势，制定了相应的竞争策略、发展建议及高价值专利的培育与布局计划。

（四）高价值专利培育情况

截至2017年1月，江苏恒瑞医药股份有限公司共有专利申请76件，其中国内申请60件，PCT申请16件，主要涉及抗肿瘤药物的免疫治疗、抗体偶联物及小分子靶向，具体专利分布情况见图6-18所示。

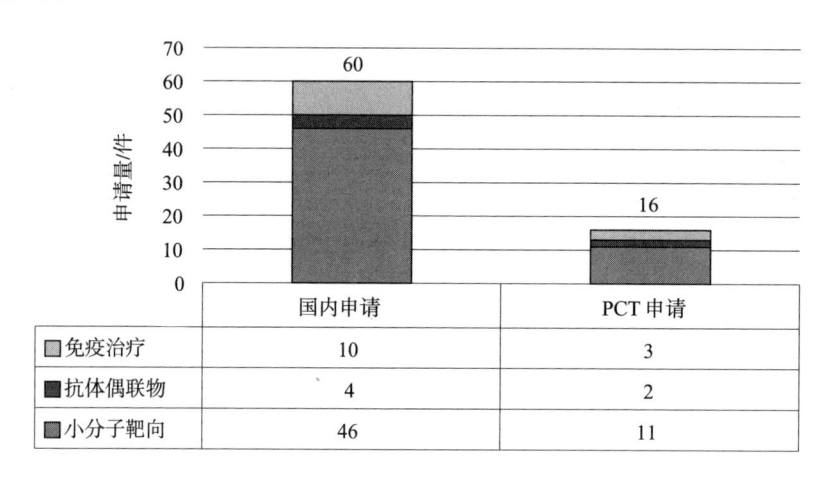

	国内申请	PCT申请
免疫治疗	10	3
抗体偶联物	4	2
小分子靶向	46	11

图6-18 专利申请数量统计

四、实施经验

抗肿瘤原创药物高价值专利培育示范中心项目的顺利进行离不开恒瑞、中国药科大学、国知及戈程公司的通力合作。在项目开展的过程中，四方共同组建高价值专利培育示范中心，充分发挥恒瑞的创新研发和技术转化能力、中国药科大学的人才培养体系、北京国知中心及戈程公司的知识产权服务能力，形成一批技术创新难度高、保护范围合理稳定、市场前景好、竞争力强的高价值专利，并付诸实施以实现商业价值，更好地服务产业发展。高价值专利培育项目自 2015 年 6 月起始至今，各项工作顺利进行，项目组成员各司其职，计划内容已完成过半。在示范中心组建的过程中，恒瑞作为项目主体在主持项目开展、制定工作方案、搭建专利信息平台等方面积累了一定经验。

（一）加强项目单位团队合作

在高价值专利的培育过程中，国知根据恒瑞的需求以及药大的研究方向和相关靶点情况，积极开展专利竞争态势分析，组织有一定专利运营、商业策划经验的专家，评估抗肿瘤新药的专利性以及专利布局方案；技术人员则根据评估结果确定是否开发。在专利申请之前，国知及戈程针对药大提供的技术交底书，再次展开相应的检索，以确保专利的"三性"。

（二）完善项目成员沟通机制

在抗肿瘤原创药项目的早期遇到一些项目沟通的问题，经过恒瑞的积极协调，各成员单位一致努力，问题得到了较好解决。现在项目组各单位均指定了专职沟通人员，利用电话、邮件、视频会议等多种形式进行沟通，现已形成及时反馈机制，避免了因沟通不畅而延误项目进展。另外，在项目进行的重要节点会组织各单位重要成员参与讨论，确定下一步工作方向及重点。

（三）深化专利竞争态势分析

在项目立项前及研发过程中，依托专业的专利咨询机构建立专利信息分析利用规范和机制，运用专利技术时序分析、主要竞争单位分析、专利引证分析、专利技术生命周期预测和专利组合分析等方法，确定产品专利发展和分布情况，形成抗肿瘤药物专利技术发展态势分析报告并每年更新。评价企业竞争力和竞争环境，预测产业技术的发展趋势和产品市场需求。依据评判结果及时调整研发策略、优化研发路径，在事关产业发展的关键技术研发上取得突破。

(四) 加强专利技术前瞻性布局

国知围绕恒瑞的抗肿瘤药物产业链部署创新链,围绕创新链部署专利链,形成专利布局研究报告并每年更新。药大依据国知的分析结果,寻求产业发展技术未来,确立核心技术和关键技术的研发策略和路径。戈程依据恒瑞的目标市场确定海外专利布局,提出参与国际国内标准制定的重要专利培育计划,部署防御性专利申请,制定专利池等专利组合的组建方法。除上述专利申请策略和布局之外,还可根据药物的生命周期采用不同的专利申请策略(如图6-19所示),这些策略参照了国知及戈程公司多年对于医药专利布局研究的经验。

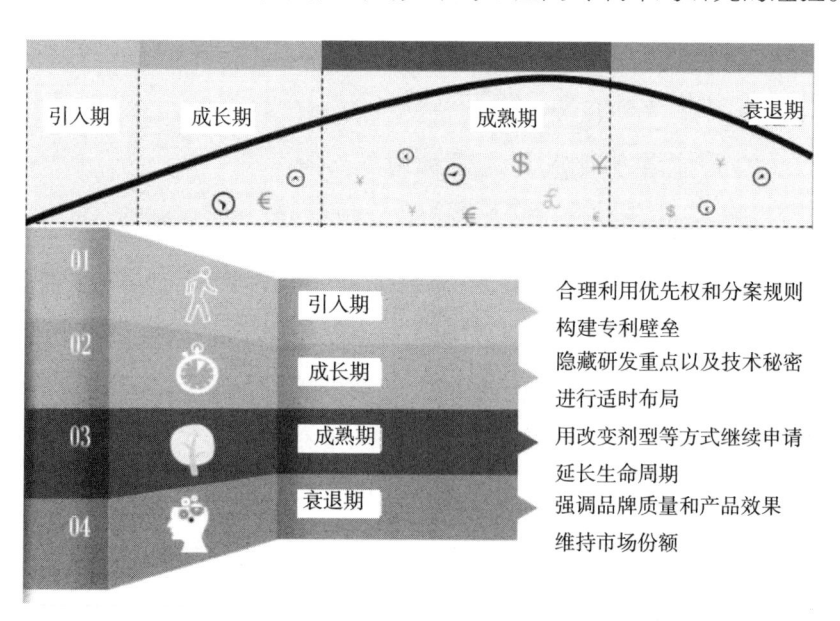

图6-19 药物专利申请阶段和相应策略

根据上述方法,特别是依据药物的研发过程,恒瑞公司的绝大多数原创药物都依照化合物—盐或晶型—制备方法—制剂—用途(具体顺序不是固定的)的方式来进行专利布局,一些从属专利的技术方案在实际上较早就已经完成,但是通过延后提交的方式,以获得更长的保护期。一个示例性的产品是公司的瑞格列汀(如表6-3所示),该产品不是抗肿瘤药物,但是属于布局较早的产品,可作为布局方法的全景示例,后续抗肿瘤原创药物将按照类似方式开展专利布局,但是时间节点未到,从属专利的布局尚不完整。

表6-3 瑞格列汀相关专利一览表

专利类型	申请日	申请号/专利号
瑞格列汀化合物	2008.11.27	ZL200880009761.6
磷酸盐	2009.05.27	ZL200910145237.8
复方组合物	2010.03.08	201080014187.0
中间体的制备方法	2011.04.07	201180002560.5
新的中间体及其制备方法	2012.10.16	201210393435.8
组合物	2016.12.06	201611108145.9
联用用途	2016.12.27	201611225040.1

(五)加强专利申请后期跟踪

恒瑞与戈程公司紧密配合,认真阅读审查意见内容、对审查意见及引用的对比文件进行分析,与研发人员深入交流,提出申请文件修改建议,撰写意见陈述书,必要时邀请中国药科大学的技术专家,从技术上探讨答复策略。积极利用专利审查绿色通道加强与审查员的沟通交流,配合专利审查,积极争取最大权益,保障专利保护范围合理稳定。需要注意的是,对于审查意见的答辩以及争取的保护范围需要和公司申请专利相应的目的匹配,有时需要快速授权,有时则需要争取更大的保护范围,因此,进行专利审查意见答辩的人员必须对于公司产品开发状态了然于胸,学会具体问题具体分析,一事一议。

(六)高价值专利转化运用

2016年,恒瑞制药在开展的PD-1研究过程中布局的PCT国际专利授权后,将美国的实施权许可给美国Incyte公司,许可费用达7.8亿美元,首次实现了从中国企业进口美国医药技术变成出口创

199

新药技术的转变。2018 年 1 月，公司 JAK1 抑制剂用于皮肤疾病治疗的局部外用制剂剂型在美国、欧盟和日本的独家临床开发、注册和市场销售的权利许可给美国的 Arcutis 公司，里程金 2.23 亿美元；BTK 抑制剂 SHR1459 和 SHR1266 在亚洲以外的区域（但包括日本）单用或联合药物治疗恶性血液肿瘤的独家临床开发和市场销售的权利许可给美国 TG Therapeutics 公司，里程金 3.47 亿美元。同时，通过在全球进行专利保护，公司包括注射剂在内的多个制剂产品在欧美日发达国家上市销售，如治疗白血病的基础药物环磷酰胺，在美国上市后已经占该药品在美国市场份额的近 40%，不但让全球患者都能用上中国制造的药品，并且让中国患者以合理价格使用上国际品质的药品，彰显了"走出去"的中国力量。

第三节　高速动车组关键核心部件高价值专利培育

一、项目背景

奋力探索高价值专利培育机制，打响中国高铁自主知识产权保护战。

2015 年，中车戚墅堰所被批准为首批江苏省高价值专利培育计划实施单位，成立高速动车组关键核心部件高价值专利培育示范中心，获专项资金 300 万元。

自承担项目 2 年多来，中车戚墅堰所以专利信息深度分析利用为主线，以时速 350 公里"复兴号"标准动车组三大关键核心部件研发项目为载体，探索创建了一套以专利战略总体规划为纲、灵活运用差异化、前瞻性及外围专利布局策略的高价值专利培育体系，基本形成并固化了一套高价值专利培育流程。

二、项目成效

（1）形成了一套高价值专利培育体系和流程。

截至 2018 年 4 月，已培育相关高价值专利 30 余件，提交国际专利申请和海外专利申请 40 余项，为公司"走出去"战略的实施提供了有力保障。

（2）形成了具备数量规模、结构优化的高质量专利储备。

近 2 年来围绕动车组关键核心部件及其材料、工艺，共组织完成相关专利申请 300 余项，其中发明专利申请 200 余项，发明专利申请占比超过 60%。

（3）加快创新驱动战略的推进与实施。

加速了动车组三大核心部件技术难关的提前攻克，已实现逐步替代进口产品的目标。近 2 年研制开发的齿轮传动系统、车钩缓冲系统及基础制动装置三大关键核心部件已全部运用在 350 公里/小时的复兴号标准动车组上并顺利通过了装车运用考核。

（4）促进我国高端关键基础零部件率先进入国际领先行列。

齿轮传动系统攻克了密封润滑、温升、振动及噪声等一系列最前沿的关键技术难题，打破了德国、日本几家公司的长期垄断，解决了束缚我国高铁列车发展的技术瓶颈，填补了国内空白，并因此荣获了 2018 年度的"国家科技进步二等奖""中国好设计金奖"和 2016 年度的"中国工业大奖"等 3 个国家级奖项。

（5）核心技术替代进口技术，形成专利布局。

依托近几年布局的高速齿轮传动系统相关专利和专有技术，中车戚墅堰所成功开发了时速 350 公里"复兴号"标准动车组、CRH380A、CRH380B、CRH3 以及 RH6 等各型高铁列车齿轮传动系统，并先后应用于京沪、京广、郑西、哈大等十余条高铁线路，运用里程最长的超过 300 万公里，成功替代了进口产品，产品累计销售近 3 万套，在我国新造高铁列车中占比超过 70%，累计实现销售收入 35.185 亿元。近三年公司平均销售收入超 50 亿元。

当前中国轨道交通已经走在了世界技术的前列，实现了从"技术跟随技术并跑"到"技术并跑和技术引领"的华丽转变，未来下一步没有技术引进的方向，公司需要进一步加强专利战略运用和专利导航企业产业研究，为企业高质量可持续发展提供更有力的支撑。

三、实施经验

（1）深入开展尽职调查，制订专利战略总体规划。

为了适应国际化竞争规则，中车戚墅堰所开展了三大关键核心部件的设计、制造及其材料和热加工工艺的全球专利技术尽职调查，收集到相关重要及核心专利 1000 余件，从整体上把握了全球专利技术现状、趋势及重要竞争对手的专利战略布局意图，明晰了自身优劣势所在，进而制订了有利于自身发展的专利战略总体规划。

（2）针对企业战略目标，明确公司高价值专利内涵。

中车戚墅堰认为：只有能体现企业核心利益、能够管控竞争对手、有助于企业战略目标实现的专利才是企业的高价值专利。因此，公司从专利价值属性出发，制定了企业高价值专利的星级分类标准，凡是能够为企业带来突出经济效益、有助于企业市场地位巩固或市场份额扩大、引领企业产业升级的专利均可认定为公司高价值专利，并以此分类标准来引导公司开展体现企业利益诉求、管控竞争对手的研发和专利创造。

（3）开展产品微导航分析，确定高价值专利培育方向。

中车戚墅堰所联合北京康信知识产权代理有限公司，开展了齿轮传动系统的专利微观分析，掌握了齿轮传动系统的技术研发热点和专利空白点，结合国内外同行的专利布局状况，确定高价值专利培育方向。

以齿轮传动系统为例，中车戚墅堰所选择了符合战略发展方向的两类具有代表性的一级平行轴齿轮传动和行星轮传动齿轮箱产品为试点，组织开展了结构紧凑化、轻量化、低噪声、免维护及模块化、智能化等技术特点的前瞻性专利开发，提前构思适用于未来市场需要的下一代齿轮箱产品。

（4）建立专利工程师主导模式，开展高价值专利挖掘。

在时速350公里"复兴号"标准动车组项目三大核心部件研发项目立项之初，中车戚墅堰就成立了由研发部门负责人、专利工程师、法务及研发人员共同组成的知识产权工作小组。

针对引进技术及重要竞争对手的关键核心专利，先进行法律风险识别与分析；然后由专利工程师结合技术和市场的不同竞争态势，策划出差异化、前瞻性或包围式专利布局的保护方案。围绕轨道车辆车钩缓冲装置等关键核心产品，提出了可合理摆脱协议约束、又能打开竞争对手专利封锁的技术方案，并及时申请了国内外专利，为公司关键核心产品在国内外的推广增强了市场竞争优势。

参考文献

一、著作类

[1] 凯文·G. 里韦特，戴维·克兰. 尘封的商业宝藏——启用商战新的秘密武器：专利权［M］. 中信出版社，2002.

[2] 国家知识产权局. 专利审查指南［M］. 知识产权出版社，2010.

[3] 洪懿妍. 创新引擎工研院：台湾产业成功的推手［M］. 天下杂志股份有限公司，2003.

[4] 江苏省知识产权研究与保护协会. 2015 江苏专利实力指数报告［M］. 知识产权出版社，2015.

[5] 马仁杰，王荣科，左雪梅. 管理学原理［M］. 人民邮电出版社，2013.

[6] 孟奇勋. 专利集中战略研究［M］. 知识产权出版社，2013.

[7] 钱坤. 专利权质押融资理论与实践研究［M］. 社会科学文献出版社，2015.

[8] 唐恒. 知识产权中介服务体系的构建与发展［M］. 江苏大学出版社，2011.

[9] 魏保志. 从专利诉讼看专利预警［M］. 知识产权出版社，2015.

[10] 杨铁军. 企业专利工作实务手册［M］. 知识产权出版社，2013.

[11] 中华全国专利代理人协会. 如何撰写有价值的专利申请文件［M］. 知识产权出版社，2015.

[12] 周延鹏. 智富密码——知识产权运赢及货币化［M］. 知识产权出版社，2015.

[13] 周延鹏. 知识产权——全球营销获利圣经［M］. 知识产权出版社，2015.

二、期刊类

[1] Black F, Scholes M. The pricing of options and corporate liabilities［J］. Journal

of Political Economy, 1973, 81 (3): 637 - 654.

[2] Chen Dar - Zen, Lin Wen - Yau Cathy, Huang Mu - Hsuan. Using essential patent index and essential technological strength to evaluate industrial technological innovation competitiveness [J]. Scientometrics. 2007, 71 (1): 101 - 116.

[3] Chiu Y, Yu - Wen Chen. Using AHP in patent valuation [J]. Mathematical and Computer Modelling, 2007, 46 (7 - 8): 1054 - 1062.

[4] Hall B H, Thomas G, Torrisi S. The market value of patents and R&D: evidence from european firms [J]. Working Paper, September 2007, https://ssrn.com/abstract = 1016338.

[5] Harhoff D, Scherer F M, Vopel K. Citations, Family Size, Opposition and the value of patent rights [J]. Research Policy, 2003, 32 (8): 1343 - 1363.

[6] Khoury S, Daniele J, Germeraad P. Selection and application of intellectual property valuation methods in portfolio management and value extraction [J]. Les Nouvelles, 2007 (9): 77 - 86.

[7] Sanders B S, Rossman J, Harris L J. The economic impact of patents [J]. Patent, Trademark and Copyright Journal, 1958 (22): 340 - 362.

[8] Sapsalis E., Bruno van Pottelsberghe de la Potterie, Ran Navon. R. Academic versus industry patenting: a in - depth analysis of what determines patents value [J]. Research Policy, 2006, 35 (10): 1631 - 1645.

[9] Schettino F, Sterlacchini A, Venturini F. Inventive productivity and patent quality: evidence from Italian inventors [J]. Journal of Policy Modeling, 2008, 35 (6): 1043 - 1056.

[10] Sloan P. Cashing in on the patent mess: Chicago startup Ocean Tomo plans to become the do - it - all player of the intellectual property era [J]. The Patent Machine, 2006 - 07 - 17.

[11] Wilton A D. Patent value: a business perspective for technology Startups [J]. Technology Innovation Management Review, 2011 (12): 5 - 11.

[12] 陈鹏, 李建强. 台湾ITRI模式及其对建设共性技术研发机构的启示 [J]. 中国高校科技与产业化, 2010 (8): 54 - 57.

[13] 程文婷. 专利资产的价值评估 [J]. 电子知识产权, 2011 (8): 74.

[14] 邓彦,郭菡墨. 知识产权质押融资模式的优化发展[J]. 财会月刊,2013 (22):45-47.

[15] 董涛. Ocean Tomo 300™专利指数评析[J]. 电子知识产权,2008(5): 43-46.

[16] 冯晓青. 企业专利实施及其对策[J]. 当代经济管理,2009,31(2): 88-90.

[17] 付明星. 韩国知识产权政策及管理新动向研究[J]. 知识产权,2010,20 (2):92-96.

[18] 胡元佳,卞鹰,王一涛. Lanjouw - Schankerman 专利价值评估模型在制药企业品种选择中的应用[J]. 中国医药工业杂志,2007(2):20-22.

[19] 李昶,唐恒. 城市专利运营体系的构建[J]. 知识产权,2016(2):99-102.

[20] 李红. 基于 IPScore 的专利价值评估研究[J]. 会计之友,2014(17):2-7.

[21] 李明德. 知识产权侵权屡禁不止 原因之一是损害赔偿的数额过低[J]. 河南科技,2016(8):6.

[22] 李振亚,孟凡生,曹霞. 基于四要素的专利价值评估方法研究[J]. 情报杂志,2010(8):87-90.

[23] 梁志文. 专利价值之谜及其理论求解[J]. 法制与社会发展,2012(2): 130-140.

[24] 刘彬,杨晓雷. 技术交底书在专利申请文件撰写中的功用[J]. 中国发明与专利,2012(4):104-106.

[25] 刘昌明. 韩国的专利战略及其启示[J]. 科学学与科学技术管理,2007 (4):10-15.

[26] 刘金蕾,李建玲,刘海波. 高智发明模式的价值链分析与启示[J]. 知识产权,2012(5):91-96.

[27] 刘一飞. 从美国 Georgia - Pacific 案及其最新适用看专利侵权案件中合理专利许可费的计算[J]. 科技创新与知识产权,2010(5):43.

[28] 李晓菲,刘真真. 台湾工业技术研究院利器解析:技术该如何对接产业 [J]. 支点,2014-02-10.

[29] 龙华明裕,侯艳姝. 高价值基本专利的申请策略[J]. 知识产权,2008 (3):90-97.

[30] 罗明雄. 6000 件专利 = 45 亿美元：北电专利拍卖解析 [J]. 中国发明与专利，2011（9）：106-108.

[31] 马慧民，王鸣涛，叶春明. 日美知识产权综合评价指标体系介绍 [J]. 经济与法，2007（11）：301-302.

[32] 孟奇勋，张一凡，范思远. 主权专利基金：模式、效应及完善路径 [J]. 科学学研究，2016，34（11）：1655-1662.

[33] 齐玮奕. 爱立信与华为续签全球专利交叉许可协议 [J]. 电信工程技术与标准化，2016（2）：59.

[34] 任霞. 全球知识产权股权基金运营模式浅析 [J]. 中国发明与专利，2016（10）：23-27.

[35] 邵岚. UPM 成功转让生物质提取技术专利实现知识产权商业化运作 [J]. 中国林业产业，2016（8）：6.

[36] 沈乐平. 试述技术交底书的构成要素 [J]. 中国发明与专利，2014（4）：43-45.

[37] 苏月等. "重磅炸弹"药物对全球药物研发趋势的影响 [J]. 中国新药杂志，2014（12）：1354-1358.

[38] 孙玉艳. 基于组合预测模型的专利价值评估研究 [J]. 情报探索，2010（6）：73-76.

[39] 万小丽. 专利价值的分类与评估思路 [J]. 知识产权，2015（6）：78-83.

[40] 万小丽. 专利质量指标中"被引次数"的深度剖析 [J]. 情报科学，2014（1）：68-73.

[41] 万小丽，朱雪忠. 专利价值的评估指标体系及模糊综合评价 [J]. 科研管理，2008（2）：185-191.

[42] 王岩. 专利的价值及其运营 [J]. 知识产权，2016（4）：89-95.

[43] 王志刚. 科技创新是提高社会生产力和综合国力的战略支撑 [J]. 政策瞭望，2013（6）：50-52.

[44] 魏玮. 从实施到运营：企业专利价值实现的发展趋势 [J]. 学术交流，2015（1）：110-115.

[45] 肖国华，牛茜茜. 专利价值分析指标体系改进研究 [J]. 科技进步与对策，2015（5）：117-121.

[46] 谢萍,王秀红,卢章平.企业专利价值评估方法及实证分析[J].情报杂志,2015(2):93-98.

[47] 徐棣枫,陈瑶.中国专利促进政策的反思与调整——目标、机制、阶段性和开放性问题[J].重庆大学学报(社会科学版),2013,19(6):94-100.

[48] 杨芳,盛兴,张艳.国家电网公司发明专利价值评价研究[J].华东电力,2014,42(12):2704-2708.

[49] 于东.基于经济增长模型下的企业知识产权价值评估[J].科技管理研究,2005(2):130-132.

[50] 张克群等.专利价值的影响因素分析——专利布局战略观点[J].情报杂志,2015(1):72-76.

[51] 张曙等.基于Innography平台的核心专利挖掘、竞争预警、战略布局研究[J].图书情报工作,2013(19):127-133.

[52] 张小敏,孟奇勋.专利中间商——创新催化剂抑或市场阻碍者[J].中国科技论坛,2014(3):142-147.

[53] 张忠营.从属权利要求的作用[J].中国专利与商标,2002(4):25-29.

[54] 赵晨.专利价值评估的方法与实务[J].电子知识产权,2006(11):24-27.

[55] 王晓先,文强,黄亦鹏.专利标准化的正当性分析及推进对策研究[J].科技与法律,2012(4):64-69.

三、报纸类

[1] 陈宝亮.专利质押长期受限 首个国家级评估机构能否破局[N].21世纪经济报道,2017-03-01(19).

[2] 程长春.中国新药技术首次出口美国[N].新华日报,2015-09-08(6).

[3] 邓翔."中国制造"专利为何难"变现"?[N].南方日报,2015-10-26(2).

[4] 杜颖梅,黄红健.江苏将推出高价值专利培育计划[N].江苏经济报,2014-01-18(1).

[5] 杜颖梅,张峰."江苏智造"高位布局知识产权[N].江苏经济报,2016-02-31(1).

[6] 方彬楠. 世界首个专利价值分析指标体系问世 [N]. 北京商报, 2012 – 08 – 13 (3).

[7] 冯晓青. 专利技术标准化途径与策略选择 [N]. 中国知识产权报, 2007 – 11 – 21 (7).

[8] 高友东. 知识产权损害赔偿过低 [N]. 北京晚报, 2017 – 03 – 12 (5).

[9] 何青瓦. 打破固有专利申请模式 提升企业专利布局质量 [N]. 中国知识产权报, 2014 – 08 – 27 (11).

[10] 华冰. 谁影响了专利的价值 [N]. 中国科学报, 2015 – 11 – 09 (8).

[11] 季节. 知识产权是创新驱动的核心支柱 [N]. 南方日报, 2016 – 03 – 01 (2).

[12] 姜澎. 杨青的专利为何没转让国内药企 [N]. 文汇报, 2016 – 03 – 27 (3).

[13] 柯芰. 由多到优才能从大变强 [N]. 经济日报, 2016 – 01 – 15 (1).

[14] 孔德婧. Siri 专利官司 苹果"逆袭"成功 [N]. 北京青年报, 2015 – 04 – 22 (13).

[15] 韩霁. "知识产权强国"强在哪 [N]. 经济日报, 2015 – 12 – 03 (3).

[16] 韩秀成, 刘淑华. 专利需要运营吗 [N]. 光明日报, 2016 – 12 – 16 (10).

[17] 郝俊. 专利"巨鳄"吞噬中国国家利益? [N]. 科学时报, 2011 – 09 – 19 (3).

[18] 侯静, 宋政良. 通过"二次创造"提高专利申请质量 [N]. 中国知识产权报, 2016 – 06 – 20 (5).

[19] 黄盛. 海尔集团:多元运用专利 打造创新品牌 [N]. 中国知识产权报, 2016 – 11 – 09 (3).

[20] 李文明, 王荣博. 得标准者得天下 [N]. 大众日报, 2003 – 11 – 10.

[21] 李宁. 新加坡推出知识产权融资计划 [N]. 人民日报, 2014 – 04 – 10 (21).

[22] 黎智昌. 新加坡迈向知识产权枢纽的进展 [N]. 叶琦保译, 联合早报, 2016 – 08 – 22.

[23] 刘远举. 资本市场是知识产权的变现新渠道 [N]. 南方都市报, 2017 – 03 – 15 (15).

[24] 邱晨辉. 五项重磅举措给科技成果转化"松绑" [N]. 中国青年报, 2016 –

02-19（1）.

［25］宋建宝. 美国专利司法专业化进路及其借鉴［N］. 人民法院报, 2015-04-24（8）.

［26］孙迪, 崔静思, 王康. 专利运营的"前世今生"［N］. 中国知识产权报, 2016-11-23（3）.

［27］王蔚佳. 专利保护到期 立普妥神话终结［N］. 第一财经日报, 2011-12-13.

［28］魏劲松. 专利权质押融资最高纪录的背后［N］. 经济日报, 2012-11-19（15）.

［29］吴国平. 知识产权：经济创新驱动的关键［N］. 光明日报, 2014-01-29（15）.

［30］吴汉东. 论知识产权事业发展新常态［N］. 中国知识产权报, 2015-07-03（8）.

［31］吴汉东. 知识产权战略：创新驱动发展的基本方略［N］. 中国教育报, 2013-02-22（4）.

［32］吴珂. 专利运营：为知识产权插上资本的翅膀［N］. 中国知识产权报, 2016-11-16（2）.

［33］吴艳. 跟"专利流氓"死磕到底［N］. 中国知识产权报, 2016-06-08（5）.

［34］张炯强. 复旦一新药以6500万美元给予美国公司专利授权引热议［N］. 新民晚报, 2016-03-20.

［35］张少波. 加强知识产权保护和运用的价值取向［N］. 中国知识产权报, 2016-05-20（8）.

［36］赵建国. 高通的前世今生［N］. 中国知识产权报, 2014-03-05（4）.

［37］赵建国. 培育高价值专利：助推产业转型的新探索［N］. 中国知识产权报, 2016-06-24（2）.

［38］朱雪忠. 辩证看待中国专利的数量与质量［N］. 中国知识产权报, 2013-12-13（8）.

四、学位论文

［1］陈晓春. 基于专利技术成本收益分析的企业专利战略选择研究［D］. 东华大

学，2006.

［2］程勇．专利价值的评估及实现策略［D］．华中科技大学，2006.

［3］简兆良．专利资产评估方法研究［D］．台湾政治大学，2003.

［4］刘运华．产业结构化视野下的专利权经济价值分析研究［D］．厦门大学，2014.

［5］万小丽．专利质量指标研究［D］．华中科技大学，2009.

［6］王雪冬．基于实物期权的专利价值评估研究［D］．大连理工大学，2006.

［7］杨栋．论专利权质押融资的法律风险和防范［D］．华南理工大学，2012.

［8］张广安．专利质量综合评价指数构建及应用［D］．北京工业大学，2013.

五、其他

［1］申文英，王习红．企业技术创新的标准化工作研究［C］．第四届中国标准化论坛论文集，2006.

［2］周延鹏．中国知识产权战略试探——一件中国专利将等于或大于一件美国专利的经济价值［A］．第五届海峡两岸知识产权学术研讨会会议论文［C］．上海，2004.